Beitrag zur Kenntnis der Feldspäte der Tessiner Pegmatite

VON DER

EIDGENÖSSISCHEN TECHNISCHEN HOCHSCHULE IN ZÜRICH

ZUR ERLANGUNG

DER WÜRDE EINES DOKTORS DER NATURWISSENSCHAFTEN

GENEHMIGTE

PROMOTIONSARBEIT

VORGELEGT VON

GEORG M. PARASKEVOPOULOS

aus Athen (Griechenland)

Referent: Herr Prof. Dr. **P. Niggli** †

Korreferent: Herr Prof. Dr. **C. Burri**

Springer-Verlag Wien GmbH 1953

Sonderabdruck aus Band 3, Heft 3 (1953)

Tschermaks
mineralogische und petrographische Mitteilungen
(Dritte Folge)

Herausgegeben von H. Leitmeier, Wien, und F. Machatschki, Wien

ISBN 978-3-662-24492-0   ISBN 978-3-662-26636-6 (eBook)
DOI 10.1007/978-3-662-26636-6

DEM GEDENKEN MEINES LEHRERS

PROF. DR. PAUL NIGGLI

GEWIDMET

Inhaltsverzeichnis.

Die vorliegende Arbeit soll einen Beitrag zur Kenntnis der Tessiner Pegmatite darstellen, unter besonderer Berücksichtigung der in ihnen auftretenden Feldspäte.

Im Jahre 1950 wurde auf Anregung von Herrn Prof. Dr. *P. Niggli* die Arbeit in Angriff genommen. Während den Sommermonaten 1950 und 1951 erfolgten die Feldarbeiten in den verschiedenen Gebieten des Tessins. Die Bearbeitung des Untersuchungsmateriales fand im Mineralogisch-Petrographischen Institut der Eidgenössischen Technischen Hochschule in Zürich statt. Die notwendigen röntgenographischen Untersuchungen wurden am Röntgenographischen Institut der Eidgenössischen Technischen Hochschule und der Eidgenössischen Materialprüfungsanstalt ausgeführt.

Mein erster Dank gilt meinem verehrten Lehrer, Herrn Prof. Dr. *P. Niggli,* für die Zuweisung dieser Aufgabe sowie für das rege Interesse, das er meiner Arbeit jederzeit entgegenbrachte. Herrn Prof. Dr. *C. Burri* danke ich für die große Hilfe bei den optischen Untersuchungen, ebenso den Herren Prof. Dr. *R. L. Parker* und Dr. *F. de Quervain* für mannigfache Mithilfe. Herr Prof. Dr. *J. Jakob* führte für mich verschiedene Feldspatanalysen aus, Herr P. D. Dr. *W. Epprecht* war mir bei den röntgenographischen Untersuchungen sehr behilflich. Ihnen sei gleichfalls mein herzlicher Dank ausgesprochen, der auch Herrn Prof. Dr. *W. Leupold* zukommt für die Erleichterungen und Hilfe während den Arbeiten in den Stollen des Maggia-Kraftwerkes; ferner Herrn Prof. Dr. *E. Niggli* (Leiden), mit dem ich Probleme der Alkalifeldspäte diskutierte, sowie den Institutskollegen, mit denen ich verschiedene Probleme besprechen konnte.

Einleitung.

In der vorliegenden Arbeit werden nur die jungen Pegmatite des Tessins und besonders des westlichen Tessins behandelt. In diesem Gebiet treten sowohl alte (paläozoische oder noch ältere) als auch junge, spät- bis postalpine Pegmatite auf [*Cornelius* im Veltlin (22), *Kündig* im Gebiet Val Calanca-Misox (46) usw.]. In großen Zügen unterscheiden sich die alten Pegmatite von den jüngeren durch ihre texturellen Verhältnisse und den Gesteinsverband. Sie sind im allgemeinen mineralärmer und enthalten neben Feldspäten, Quarz und Glimmern meist nur Turmalin und Granat. Im speziell untersuchten Teilgebiet spielen die alten Pegmatite eine untergeordnete Rolle, während die jungen sehr verbreitet sind. Wohl sind auch sie manchmal kataklastisch deformiert, aber nicht eigentlich schiefrig. Oft lassen sich in ihnen Granat, Turmalin, Beryll, Dumortierit, Orthit, Titanit, Uranpechblende, Sillimanit, Disthen, verschiedene Phosphate, Sulfide und Eisenoxyde finden. Diese jungen Pegmatite durchsetzen verschiedene Gesteine, wie z. B. Gneise, Glimmerschiefer, Amphibolite, Peridotite, Marmore, Kalksilikate usw. Besteht das Nebengestein aus Marmor oder Kalksilikatgestein, so sind hie und da Kontakterscheinungen, wie sie *Mittelholzer* z. B. von Ascona, Castione usw. beschrieb (54), besonders deutlich.

Die Pegmatite durchsetzen diskordant das Nebengestein. Sie können aber auch konkordante Lagen oder Adern im Nebengestein bilden, im extremen Falle in der Art einer „lit par lit"-Injektion. Schließlich kann an Stelle einer relativ scharfen Abgrenzung der Gänge und Adern infolge chemischer Austauschprozesse eine so starke Vermischung zwischen Pegmatitmaterial und Nebengestein stattfinden, daß eine nebulitische Ausbildung entsteht und die beiden Anteile sich nicht mehr voneinander unterscheiden lassen. In Abb. 1

Abb. 1. Konkordante Injektionsader im Steinbruch zwischen Intragna und Cavigliano.

ist eine nahezu konkordante und in Abb. 2 eine diskordante, die Gneise durchsetzende Pegmatitader dargestellt.

Mit diesen Tessiner Pegmatiten haben sich unter anderen hauptsächlich folgende Autoren befaßt:

Gutzwiller (32) untersuchte die Injektionsgneise des Tessins und auch die in diesem Gebiet vorkommenden Pegmatite.

Cornelius (22) zieht Vergleiche zwischen den Pegmatiten des Bergells einerseits und denen der Val Codera, des Tessins und von Olgiasca am Comersee anderseits.

De Quervain (63) hat die Pegmatite von Valle della Madonna bei Brissago untersucht.

Urban (84) erwähnt die Pegmatite in der Umgebung von Bellinzona und meint, daß zwischen einer granit-aplitischen und quarz-diorit-aplitischen Injektion unterschieden werden muß.

14*

Suzuki (77) beschreibt die Bildung von Skapolith bei Ascona, der in Beziehung mit den dort auftretenden Pegmatiten steht.

Mittelholzer (54) befaßt sich, im Rahmen seiner Arbeit über die Metamorphose in der Tessiner Wurzelzone, mit den Pegmatiten (und ihren Kontakten) von Ascona, Schloß Schwyz bei Bellinzona, Monti

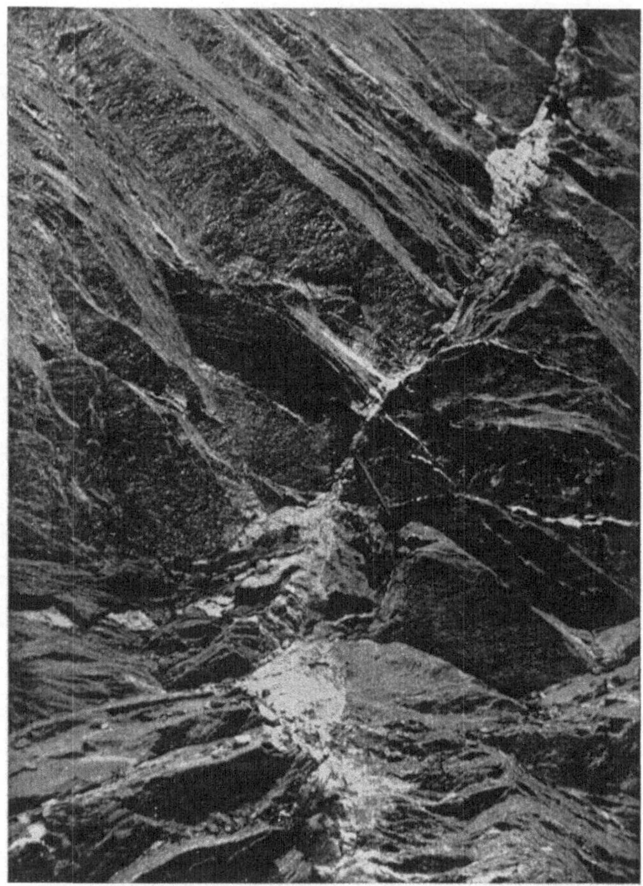

Abb. 2. Diskordante Pegmatitader im Steinbruch nördlich von Ponte Brolla (unteres Maggiatal).

La Motta ob Castione, Val Traversagna, Motto d'Arbino und der oberen Val Cru.

Forster (29) studiert die Amphibolite nördlich Locarno und erwähnt dabei auch die Pegmatite.

Kern (42) beschäftigt sich mit der Petrographie des Centovalli (Gefügetypen) und mit den Pegmatiten dieses Gebietes. Er hat in seiner Arbeit (loc. cit. S. 53 bis 56) eingehend die Frage diskutiert, ob es sich bei den Pegmatiten um Bildungen aufsteigender pegmatitisch-pneumatolytischer Lösungen oder um Produkte von Exsudaten mit geringer Stoffwanderung handle. Die Schlußfolgerung, daß diese Pegmatite echt magmatisch-pneumatolytische Bildungen seien, ist bis heute durch die vielen neuen Stollenaufschlüsse durchwegs bestätigt worden.

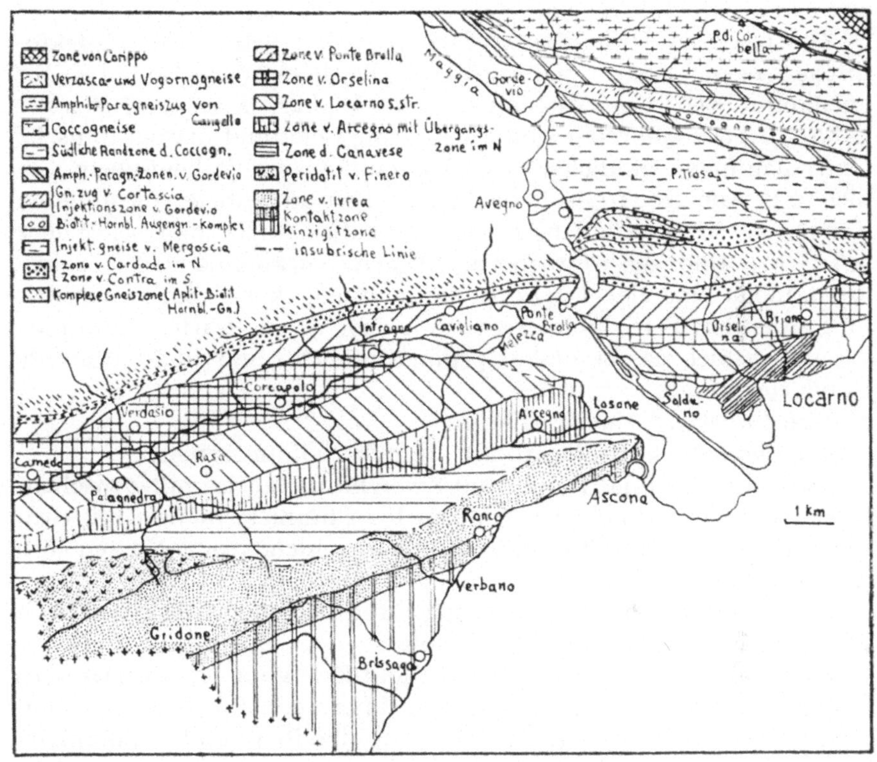

Abb. 3. Petrographisch-tektonische Übersichtsskizze der westlichen Tessiner Wurzelzone nach *P. Walter, R. Kern* und *R. Forster.*

Walter (86) untersucht den basischen Gesteinszug Ivrea-Verbano und beschreibt beiläufig die in diesem Gebiet auftretenden Pegmatite.

Die von den oben genannten Autoren und auch von mir untersuchten Pegmatite und Injektionsadern zeigen neben Kataklase keine andere nennenswerte tektonische Beanspruchung. *Mitterholzer* (54, S. 158) schließt daraus, daß sie in das schon weitgehend verfaltete alpine Gebirge eingedrungen und deshalb von tertiärem Alter (Oligocän bis älteres Miocän) sein müssen. Über die Zeit der Kataklase sind *Cornelius* und *Mittelholzer* der Ansicht, sie müsse entweder mit dem Aufschub an der insubrischen Linie oder mit der Steilstellung der südalpinen Molasse zusammenfallen, wobei ersteres ihnen wahrscheinlicher erscheint. Neuere präzisere Datierungen, umfassend die Intrusionen basischer und ultrabasischer Magmen, die Pegmatitbildungen und die jüngsten tektonischen Bewegungen, werden erst den im Druck befindlichen Arbeiten von *Zawadynski* (über das Wurzelgewölbe) und von *Dal Vesco* (über den westlichen Teil des Castionezuges) zu entnehmen sein.

Zur besseren Orientierung füge ich eine petrographisch-tektonische Übersichtskarte der westlichen Tessiner Wurzelzone bei. Sie entstammt den Untersuchungen von *Walter, Kern* und *Forster* (Abb. 3). Sehr zahlreich sind auch geologische und petrographische Untersuchungen ähnlicher Gesteinskomplexe auf italienischem Gebiet, z. B. von *Novarese, Franchi* und *Fenoglio* sowie von anderen Forschern. [Diesbezügliche Literaturangaben findet man bei *Walter* (86, S. 5)]. Über die westlich von Locarno vorkommenden Gesteinsarten möge eine der Literatur entnommene kurze Zusammenstellung orientieren. Es handelt sich um das in der Kartenskizze dargestellte Gebiet, das besonders pegmatitreich ist und zugleich unsere Fundorte enthält.

Man findet zur Hauptsache in:

Zone von Ponte Brolla: Biotit- und Zweiglimmergneise.

Zone von Orselina: Biotit- und Zweiglimmergneise mit Zwischenlagen von stark schiefrigen Gneisen bis Glimmerschiefern mit Granat, Disthen, Staurolith und Sillimanit (auch große Massen von Amphiboliten).

Zone von Locarno s. str.: Lagen- und Augengneise, Biotit-Zweiglimmergneise, spärliche Amphibolite.

Zone von Arcegno: Vorwiegend Biotit-Zweiglimmer- und Granatbiotitgneise mit eingelagerten sauren, intermediären, basischen und ultrabasischen Eruptivgesteinen, Amphiboliten und Silikatmarmoren.

Zone von Canavese: Glimmergneise und -schiefer, Tonschiefer, Kalke, Marmore, Alkalifeldspatgneise und basische Intrusionen.

Zone von Ivrea: Vorwiegend basische Gesteine mit Einlagerung von Granatbiotitgneisen, Biotitgneisen, Alumosilikatfelsen, Kalksilikatfelsen und -marmoren.

Kinzigitzone: Biotit-, Sillimanit- und Zweiglimmergneise mit Einlagerung saurer und basischer Eruptivgesteine.

Meine Spezialuntersuchungen wurden durch das zur Zeit im Bau befindliche Maggiakraftwerk außerordentlich erleichtert. In den Stollen, welche die Verbindung zwischen Verbano-Corcapolo-Palagnedra herstellen, sind an verschiedenen Orten zahlreiche Pegmatitvorkommen neu aufgeschlossen worden, unter denen viele prachtvolle Einblicke in die Intrusionserscheinungen ermöglichten. Dort findet sich ein Hauptgebiet der jungen pegmatitischen Injektionen, und es konnte aus den Stollen frisches und sehr günstiges Material für die Untersuchung gewonnen werden. Diese verfolgte das Ziel, die Mineralien der Pegmatite näher zu charakterisieren. Da neben Quarz die Feldspäte Hauptgemengteile der Pegmatite sind, und gerade sie die mannigfaltigsten mit der Bildungsgeschichte im Zusammenhang stehende Beziehungen untereinander und zu andern Gemengteilen aufweisen, handelt es sich zur Hauptsache um ein *Studium der Feldspäte.*

Die beschränkte Dauer meines, zum Teil durch ein Stipendium ermöglichten Studienaufenthaltes in Zürich hat leider nicht gestattet, die im Laufe der Zeit sich aufdrängenden Probleme einigermaßen vollständig zu behandeln. Es bleiben noch viele Fragen offen und es wird das Stollenmaterial noch zu mannigfachen weiteren Untersuchungen Veranlassung geben. So handelt es sich hier lediglich um einen ersten Beitrag zur Frage des Mineralbestandes und der Genesis dieser jetzt ausgezeichnet aufgeschlossenen Gesteinselemente.

I. Die Feldspäte.

Die an der Zusammensetzung der Pegmatite beteiligten Feldspäte wollen wir zu zwei Gruppen zusammenfassen, einerseits in die Gruppe der *Alkalifeldspäte,* anderseits die Gruppe der *Plagioklase.* Alle untersuchten Feldspäte wurden absichtlich relativ weit vom Kontakt mit dem Nebengestein innerhalb der Pegmatite gesammelt, um Beeinflussung durch den Kontakt möglichst auszuschalten. Die Feldspäte dieser Pegmatite, wie übrigens aller Eruptivgesteine, verlangen zu ihrer Bestimmung mehrere Methoden, die erst in ihrer Kombination verwertbare Resultate ergeben. Auch aus technischen Gründen war es unmöglich, sich nur auf einzelne Methoden zu beschränken. Die optischen Methoden, die natürlich am meisten angewandt wurden, genügten in vielen Fällen nicht, um völlig eindeutige Resultate zu ergeben. So war z. B. die Unterscheidung des gewöhnlichen Mikroklines vom teilweise in trikliner Symmetrie umgewandelten Orthoklas mit dem Mikroskop nicht immer leicht, und die Anwendung röntgenographischer Methoden mußte hinzukommen. Ähnliches trifft auch verschiedentlich bei den Plagioklasen zu, bei denen die manchmal zweideutigen Resultate der U-Tisch-Methode die Anwendung älterer optischer Methoden (Auslöschungsschiefe) oder röntgenographischer Methoden erforderten. Die Untersuchung der Gesteinsgemengteile mit Röntgenstrahlen wird sich überhaupt immer mehr zu einer wertvollen Bestimmungsmethode entwickeln.

Schließlich ergab die Verwendung mehrerer Methoden zugleich Gelegenheit, die unabhängig voneinander gewonnenen Resultate miteinander zu vergleichen (siehe Plagioklase).

A. Die Alkalifeldspäte.

Die untersuchten Pegmatite führen neben den Plagioklasen (inklusive Albit) *Alkalifeldspäte* mit Kaliumvormacht, und zwar oft in Mengen, die gegenüber denjenigen der Plagioklase nicht zurückstehen; allerdings gibt es auch Pegmatite, in denen der kaliumreiche Feldspat stark zurücktritt oder bei denen von ihm nur kleine Reste vorhanden sind, die Relikte einer Verdrängung durch den Plagioklas zu sein scheinen. Dies sind jedoch seltene Fälle. Da die Analysen bestätigten, daß die von den Plagioklasen abtrennbaren Alkalifeldspäte ursprünglich deutliche Kaliumvormacht besitzen, wollen wir sie im folgenden kurzweg als Kaliumfeldspäte bezeichnen, um nicht immer hinzufügen zu müssen: kaliumreiche Alkalifeldspäte oder Kalium- und Na-Kaliumfeldspäte.

In keiner Mineralgruppe ist die Terminologie so uneinheitlich wie in der Gruppe der Alkalifeldspäte. Der Zustand, wie er sich etwa vor einem Jahrzehnt schildern ließ, geht vielleicht am besten aus den mir von Prof. *P. Niggli* zur Verfügung gestellten Druckbogen seines dritten Bandes des Lehrbuches der Mineralogie hervor, dessen Druck 1942 beendigt war. Infolge Vernichtung durch Feuer während der Kriegszeiten ist dieser Band im Handel nie erschienen. Bei den in „ " befindlichen Abschnitten handelt es sich um wörtliche Zitate.

Es gibt monokline und trikline Glieder der Alkalifeldspäte, die als wesentliche Kationen K und Na enthalten. Unter den monoklinen Alkalifeldspäten unterscheidet man:

Ebene der optischen Achsen senkrecht zu (010) und $n_\gamma \parallel$ b, also mit horizontaler Dispersion: sogenannte „normale Orthoklas"optik.

Ebene der optischen Achsen parallel (010) und $n_\beta \parallel$ b, also mit geneigter Dispersion: sogenannte „Sanidin"optik.

Neben mikroskopisch durch relativ kleine Auslöschungsschiefe auf (001) und von 90^0 relativ wenig abweichendem Winkel γ nur undeutlich triklinen Alkalifeldspäten gibt es trikline Alkalifeldspäte mit deutlich schiefer Lage der Indikatrixhauptachsen zu allen kristallographischen Achsen und einem Winkel γ meist um 92^0 bis 93^0. Obgleich auch hier die optischen Eigenschaften besonders mit dem Na/K-Verhältnis noch variieren können, bilden sie doch eine ziemlich einheitliche Gruppe, die Gruppe der *Mikrokline,* oft ausgezeichnet durch polysynthetische Verzwillingung nach zwei sich kreuzenden Lamellensystemen (Mikroklingitterung). Dazu kommen verschiedene Habitus- und Trachtentwicklungen, die zu den Begriffen Adularhabitus, Sanidintracht, Rhombenfeldspattracht usw. Veranlassung gegeben haben. Die Entmischungsstrukturen haben zu den Hauptbegriffen Perthitstruktur, Mikroperthite und Kryptoperthite geführt. Folgende früher oft angenommene Korrelationen haben sich als unrichtig erwiesen oder sind im Sinne nachfolgender Zusammenstellung zu berichtigen.

„Unrichtig ist:

1. Unverzwillingter oder einfach verzwillingter Feldspat mit Kaliumvormacht sei durchwegs monoklin, also Orthoklas in der ursprünglichen Bedeutung des Wortes. Es gibt auch deutlich triklinen, unverzwillingten Feldspat dieser Art. Die Verzwillingung und Gitterung ist also kein notwendiges Kennzeichen von Mikroklin, sofern darunter optisch deutlich trikliner, kalireicher Alkalifeldspat verstanden wird.

2. Die glasigen Feldspäte vom dicktafeligen Habitustypus des Sanidins besitzen durchaus nicht immer geneigte Dispersion. Sogenannte Sanidinoptik (Name verwendet bei geneigter Dispersion) und Sanidintracht gehen nicht Hand in Hand.

3. Entmischungsstrukturen (Perthitstrukturen) sind nicht nur an trikline Alkalifeldspäte gebunden, mindestens die kaliumreichere Komponente kann „monoklines“ Verhalten aufweisen.

4. Die Rhombenfeldspatausbildung (Vorherrschen der Formen $\{110\}$, $\{1\bar{1}0\}$ und $\{20\bar{1}\}$, also gerne mit rhombenförmigem Querschnitt) scheint sich über einen größeren chemischen Variationsbereich erstrecken zu können, als früher angenommen wurde.

5. Das was früher als (monokliner) Orthoklas bezeichnet wurde, ist häufig nicht ausgesprochener Kaliumfeldspat, sondern enthält erheblichen Ersatz des K durch Na. Noch bedeutender sind im allgemeinen diese Ersatzmöglichkeiten beim sogenannten (monoklinen) Sanidin. Da auch (monokliner) Adular (eine oft wasserklare bis weiße Varietät auf Klüften mit zurücktretendem oder fehlendem $\{010\}$ und $\{\bar{2}01\}$) nicht selten mehr als 10% Ab enthält, ist es unrichtig, Orthoklas, Sanidin und Adular kurzweg als Kaliumfeldspäte im engeren Sinne zu bezeichnen. Ebensowenig gilt dies für Mikroklin im üblichen Sinne.

6. Es gibt zwischen mikroskopisch homogenen Alkalifeldspäten und deutlich perthitischen und verzwillingten Feldspäten alle Übergänge (leichte Schummerung, Fleckung), wobei auch die Schnittlagen für die leichtere oder bessere Erkennung der Inhomogenität eine große Rolle spielen. Bei gewöhnlichen Bestimmungsverfahren

dürfen daher Bezeichnungen, die auf derartige Erscheinungen Rücksicht nehmen, nur relativen Charakter besitzen. Die Untersuchungsmethode ist anzugeben.

7. Bezeichnet man mit Anorthoklas kurzweg trikline Alkalifeldspäte mit Natriumvormacht, so ist durchaus unrichtig, daß kleiner Winkel der optischen Achsen ein notwendiges Kennzeichen sei. Es scheint sich immer mehr herauszustellen, daß Auslöschungsschiefe, Abweichungen von monokliner Symmetrie und Winkel der optischen Achsen vom Charakter der Homogenität bzw. dem Dispersitätsgrad, der Heterogenität, und von der Vorgeschichte (z. B. Bildungstemperatur, Abkühlungsgeschwindigkeit) abhängig sind. Außerdem sind Beziehungen mit der chemischen Zusammensetzung feststellbar, sie werden jedoch durch die Wirkung der ersten zwei Faktoren oft verdeckt.

Vorausgeschickt sei folgendes. Erhitzt man Alkalifeldspäte, die mikroskopisch unterscheidbare kalium- und natriumreichere Anteile, also Perthitstruktur besitzen, kurze Zeit bis auf etwa maximal 850^0 C, so werden sie *homogenisiert*. Dichte und Lichtbrechung verringern sich, ohne daß eine wesentliche Änderung in der Form und Lage der Indikatrix einzutreten braucht. Der Vorgang ist teilweise reversibel. Beim Abkühlen entsteht wieder Perthit. Homogenisierung und Entmischung erfolgen je nach dem Ausgangsmaterial mit verschiedener Geschwindigkeit. Das bedeutet, daß bei höherer Temperatur einheitlich gebaute Alkalifeldspäte mit variablem K- und Na-Gehalt möglich sind. K^+ und Na^+ verhalten sich jedoch in bezug auf Raumbeanspruchung und Koordinationsverhältnisse so verschieden, daß sich bei relativ starrem Alumosilikatanionengerüst durch Diffusion einheitliche Partien mit vorwiegend je einem Kation ausbilden trachten, die sich auch in bezug auf die Tetraederverbände etwas voneinander unterscheiden werden. Nun ist zu beachten, daß die günstigste Lage für Na^+ oder K^+ wesentlich durch die Verteilung der Al im $\left[(Si, Al)O_4\right] \infty$ G-Zusammenhang bestimmt wird. Obwohl das Verhältnis $Si : Al = 3 : 1$ nicht stark variiert, wird sicherlich die *Verteilung* von Si und Al von den Wachstumsbedingungen abhängig sein. Platzwechsel der Si und Al ist jedoch weit schwieriger als Platzwechsel der eingelagerten Kationen. Es ergibt sich so von selbst, daß in den Perthiten die durch Entmischung entstandenen Unterarten in ihren Eigenschaften ziemlich variationsfähig sein müssen, und es ist die Frage, ob der Unterscheidung in monokline und trikline Gesamtsymmetrie innerhalb dieser Zustandsfolge eine besondere Bedeutung zukommt. Es braucht für Mischkristalle dies selbst dann nicht der Fall zu sein, wenn einfach gebaute Endglieder der Serie bei bestimmter Temperatur aus dem einen in den anderen Symmetriezustand umwandelbar sind. So ist es durchaus möglich, *zwischen deutlich triklinen und monoklinen Unterarten zu unterscheiden und trotzdem trikline, von monokliner Symmetrie wenig abweichende Individuen enger verwandt mit wirklich monoklinen zu finden als mit ausgesprochen triklinen.* Anderseits können z. B. in optischer Beziehung monokline Kristalle echt triklinen näher stehen als anderen monoklinen. Die Verteilung der Na^+ und K^+ im Kristall sowie des Si und Al im Alumosilikatanion, die spezielle Form des Anionengerüstes, sind Variabeln, zu denen diejenigen der mehr oder weniger fortgeschrittenen Entmischung kommen. Das bedingt eine Fülle von Varianten, von denen sich nur wenige (als im Mittel häufige) typisieren lassen. Wie sehr die Vorgeschichte für die Haltbarkeit eines Zustandes bestimmend ist, zeigt der Umstand, daß lange Zeit auf hohe Temperaturen (über 1000^0) erhitzte Alkalifeldspäte normalen optischen Verhaltens nicht nur homogenisiert, sondern optisch sanidinisiert werden. Die Indikatrix ändert ihre Lage, es entsteht bei monokliner Symmetrie aus der horizontalen die geneigte Dispersion. Kühlt man unter Laboratoriumsbedingungen solche optisch zu Sanidinen gewordene Feldspäte ab, so ist oft nur ein sehr geringer Teil der beim Erhitzen entstandenen Vorgänge reversibel. Es braucht praktisch keine Entmischung aufzutreten und die Kristalle bleiben monoklin mit geneigter Dispersion und relativ kleinem Achsenwinkel. *Die Feldspatgruppe ist daher einer Kristallart bzw. Artgruppe gleichzusetzen, die in Unterarten und Varianten zerfällt, deren Entstehung mit den Bildungs- und Umbildungsbedingungen in engstem Zusammenhang steht.*

Alkalifeldspäte, die aus mikroskopisch erkennbarem, kaliumreicherem und natriumreicherem Anteil bestehen und äußerlich den Charakter eines Individuums aufweisen, kann man durch die Pauschalzusammensetzung, und wenn möglich, durch die Zusammensetzung der Einzelkomponenten charakterisieren. Das erstere rechtfertigt sich von selbst, sofern es sich um nachträgliche Entmischung handelt. Es muß jedoch betont werden, daß neben Entmischungsstrukturen auch *Verdrängungsstrukturen* auftreten, die häufig gleichfalls dem Sammelbegriff „*Perthit*" untergeordnet werden. Nicht selten hat ein natriumreicher Feldspat kaliumreichere Zusammensetzungen metasomatisch verdrängt (Albitisierung). Da derartige Diffusions- und Austauschprozesse unter Umständen von entmischten Natriumfeldspatlamellen ausgehen können, ist die Trennung zwischen meist feiner, disperser Entmischungs- und grober Verdrängungsstruktur nicht immer leicht.

Wenn wir im folgenden von Alkalifeldspäten sprechen, sind phänomenologische Individualität beanspruchende Mineralien gemeint, gleichgültig, ob sie homogen, pseudohomogen, deutlich perthitisch oder intensiv verzwillingt sind. Neben der bereits erwähnten chemischen Charakterisierung müssen die übrigen Bezeichnungen neu definiert werden.

Alkalifeldspäte vom Charakter des Orthoklases seien alle Alkalifeldspäte genannt, die sich kristallographisch und morphologisch der monoklinen Symmetrie so stark nähern, daß eine Abweichung nicht mit Sicherheit feststellbar ist. Ob dieser monokline Charakter auf Superpositionen trikliner Einzelindividuen beruht oder, was sicherlich auch zutrifft, der Struktur an sich zukommt, ist gleichgültig. Sobald in der Auslöschung nur ein Mittelwert genauer feststellbar ist, der monokliner Symmetrie entspricht, herrscht Orthoklascharakter. Man kann bei Anzeichen von undefinierbaren Schummerungen und Flecken, bei Schillerbildung oder bei röntgenometrischer Auflösung in trikline Zwillingsindividuen von Orthoklas mit kryptotriklinem Bau sprechen (oft als „flauer" Mikroklin bezeichnet!). Anderseits ist auch die Wendung möglich „Orthoklas (makroskopisch)", wenn nicht feststeht, ob bereits mikroskopisch trikline Symmetrie nachweisbar ist. Weist das Röntgeninterferenzbild auf monokline Symmetrie hin, so handelt es sich um Orthoklas im strukturellen Sinne. Der Begriff hat somit relativistischen Charakter und ist sinnvoll nur bei Angabe der Untersuchungsmethode, auf deren Ergebnisse er sich stützt. Zurzeit wäre es verfrüht, mit dem Begriff Orthoklas eine engere chemische Variabilität zu verbinden, selbst wenn wir, alter Gewohnheit folgend, das Symbol *(Or)* für Kaliumfeldspat benutzen. Ein wirklich oder scheinbar monokliner Natriumfeldspat müßte Natrium-Orthoklas genannt werden.

Obgleich in neuerer Zeit der Begriff „sanidinisiert" für die beim Erhitzen erfolgende Änderung der optischen Dispersionsverhältnisse Verwendung gefunden hat, müssen wir die Entscheidung treffen, ob für die Definition von „Sanidin" optisches Verhalten oder Habitus ausschlaggebend sein sollen. Wir wollen das letztere annehmen, da Orthoklas mit horizontaler Dispersion kurzweg *normalsymmetrisch,* mit geneigter Dispersion *parallelsymmetrisch* genannt werden kann [Ebene der optischen Achsen senkrecht oder parallel (010)]. *Sanidin* und *Adular* sind nach dieser Auffassung Varietäten der monoklin erscheinenden Alkalifeldspäte, charakterisiert durch ihr makroskopisches Verhalten und Vorkommen:

Sanidin: Glasiger, tafeliger Orthoklas, wie er in erster Linie in relativ jungen Ergußgesteinen beheimatet ist.

Adular: Weißlicher, relativ klarer bis schillernder Orthoklas von prismatischem Habitus mit meist zurücktretendem (010), besonders aus Klüften dislokationsmetamorpher Gesteine und von Erzlagerstätten bekannt.

Die normalen *Perthite* (Makro-, Mikro-, Kryptoperthit) haben fast stets einen an Masse überwiegenden kaliumreicheren Anteil, in dem emulsionsartig, tropfenförmig, spindelförmig, fleckig, aderförmig usw. der natriumreichere Anteil eingelagert ist. Die Bezeichnung *Antiperthit* sollte auf Entmischungsstrukturen begrenzt werden, in denen die Kaliumfeldspatkomponente nur einen geringen Bruchteil des Gesamtfeldspates ausmacht. Es ist übrigens, da die feststellbaren Mengenverhältnisse und Formen auch mit der Schnittlage variieren, schwierig zu entscheiden, welcher Anteil größer oder zusammenhängender ist. Deshalb ist es zweckmäßig, kurzweg von Perthit zu sprechen und nur bei extremen, allseitig verifizierten Beispielen mit weit überwiegender Grundsubstanz von Plagioklas den Namen Antiperthit zu gebrauchen. Noch besser wäre es, wenn diese Bezeichnung wieder verschwinden würde. Genauere Präzisierung läßt sich stets erreichen durch Doppelnamen unter Vorausstellung der in geringerer Menge auftretenden Substanz, z. B. Albit-Orthoklasperthit, Mikroklin-Albitperthit usw.

Die Großzahl der langsam gebildeten und langsam abgekühlten Natrium-Kaliumfeldspäte ist in sich heterogen. Mikroklinperthite sind in diesem Zusammensetzungsintervall am häufigsten. Manchmal lassen sich verschiedene Stadien der Entmischung erkennen. Man unterscheidet oft nach der Form der Entmischungspartien im Alkalifeldspat: Spindel- oder Schnurperthite, Filmperthite, Aderperthite, Fleckenperthite, wolkige Perthite. Vielleicht ist manche undulöse Auslöschung das Anzeichen einer ersten hochdispersen Entmischung. Nicht immer stammt die gesamte Albitsubstanz aus dem einen Individuum, metasomatische Verdrängungen bis zum sogenannten *Schachbrettalbit* (fleckige Verteilung der Komponenten einem Schachbrett ähnlich) treten auf. Die Anordnung der Albitsubstanz nach Spalt- und Kluftflächen wird oft bemerkt. Selten wird die Natriumkomponente zum Oligoklas (mit $\geq 10\%$ *an*)[1]. Für die *Mikrokline* (spezifisches Gewicht meist 2,57 bis 2,58) selbst werden im allgemeinen im Durchschnitt ähnliche Brechungsindizes angegeben wie für Orthoklas. Häufige Werte:

$$n_\alpha = 1{,}514{-}1{,}523$$
$$n_\beta = 1{,}518{-}1{,}526$$

---

[1] Wird *an* und *ab* statt *An* und *Ab* geschrieben, so handelt es sich um Volumprozente.

$$n_\gamma = 1,520 - 1,530$$
$$n_\gamma - n_\alpha = 0,006 - 0,007$$

$2\,Vn_\alpha$ für Na-Licht oft 68^0 bis 83^0, jedoch bei ausgesprochener Homogenität auch kleiner. Die Auslöschungsschiefe beträgt wie für den Kaliummikroklin 5^0 bis 9^0 auf (010), vorzugsweise $+15^0$ bis $+20^0$ auf (001). Die Lichtbrechung wächst mit zunehmendem Na-Gehalt, $2\,Vn_\alpha$ wird normalerweise in gleicher Richtung kleiner. Einheitlich gebaute Mikrokline mit Ab-Gehalt $> 22\%$ oder gar $> 30\%$ sind selten. Es scheint somit von 30% Ab an stärkere Entmischungstendenz vorzuherrschen. Ein Mikroklin mit nur 16,5 Ab ergab folgende Werte: s $= 2,54$, $n_\alpha = 1,518$, $n_\beta = 1,522$, $n_\gamma = 1,525$."

Es folgten dann in dieser Zusammenstellung von *P. Niggli* die damals bekannten speziellen Daten über Alkalifeldspäte, die als ganzes chemisch in *Kaliumfeldspäte im engeren Sinne* bis etwa 10% *Ab*, *Na-Kaliumfeldspäte* von 10% bis 50% *Ab*, *K-Natriumfeldspäte* von 50% bis 10% *Or* und *Natriumfeldspäte* weniger als 10% *Or* $+$ *An* gegliedert wurden.

Im Hinblick auf unsere nachfolgenden Ausführungen scheint noch folgende Bemerkung wichtig zu sein.

„Manche Alkalifeldspäte lassen H_2O-Gehalte erkennen, doch ist bis heute unbekannt, ob es sich nicht jeweilen bereits um nachträgliche Zersetzungsphänomene handelt, denn vor allem müssen wir zunächst einmal feststellen, daß rein statistisch genommen die stöchiometrischen Feldspatformeln bei weitem nicht immer erfüllt sind.

Ob dies auf Analysenfehler, unreinem Material, beginnender Zersetzung oder auf einer primären Abweichung beruht, kann nur im Einzelfall nach sorgfältigster Untersuchung entschieden werden. Berechnet man nach Abzug der *An*-Anteile das molekulare Verhältnis $(Na_2O + K_2O) : Al_2O_3 : SiO_2$, so sollte es $1 : 1 : 6$ sein. Innerhalb der Analysenfehler trifft dies auch oft zu, indessen sind größere Abweichungen konstatiert worden. Nicht selten ergibt sich aus der Analyse ein Manko an SiO_2. Im allgemeinen wird oft ein Gang der Unstimmigkeiten erkenntlich, derart, daß relativ gegenüber Al_2O_3 mit SiO_2 auch R_2O verringert erscheint. So ist bei Verhältnissen $Al_2O_3 : SiO_2 = 1 : 5,6$ bis 6 häufig $R_2O : Al_2O_3 = 0,9$ bis $1 : 1$. Anderseits bei $Al_2O_3 : SiO_2 = 1 : 6$ bis 6,3, R_2O häufiger $> Al_2O_3$ als umgekehrt. Extreme Werte nach der unteren Seite sind $R_2O : Al_2O_3 : : SiO_2 = 0,8 : 1 : 5,2$ bis 5,3. Oft sind derartige Feldspäte bereits H_2O-haltig, also eventuell etwas hydrolysiert.

Man kann heute noch wenig über den Grund dieser Abweichungen aussagen. Zweierlei ist indessen bemerkenswert. Bereits bei so einfachen Silikaten wie den Feldspäten treten gegenüber stöchiometrischen Summenformeln erhebliche Differenzen in Erscheinung. Das ist bei den Ansprüchen an genaue Formelerfüllung bei komplizierten Silikaten zu berücksichtigen. Zweitens zeigt uns diese Erfahrungstatsache, daß ein analytisch festgestellter kleiner Tonerdeüberschuß im Gestein über R_2O noch nicht zu bedeuten braucht, daß andere als feldspatartige Alumosilikate auftreten müssen."

Seit Niederschrift dieser Ausführungen haben sowohl mineralsynthetische Arbeiten, wie Kombinationen von kristalloptischen und strukturellen Untersuchungen weitere Abklärungen gebracht. Als besonders notwendig hat sich die Unterscheidung zwischen typischem Mikroklin und jenen triklinen Alkalifeldspäten erwiesen, die den monoklinen Alkalifeldspäten näher stehen. Auf diese neuere wichtige Entwicklung kommen wir im Laufe der Ausführungen zu sprechen. Vorläufig wollen wir folgende Konventionen treffen.

In unseren Pegmatiten unterscheiden wir unter den Alkalifeldspäten, neben triklinen Individuen vom typischen Verhalten der *Mikrokline*, Kristalle, die optisch vollständig oder partiell monokline Symmetrie besitzen. Wir wollen sie mit dem allgemeinen Sammelbegriff *Orthoklas* bezeichnen, selbst dann noch, wenn sie bereits Bereiche trikliner Symmetrie enthalten. In ihren triklinen Bereichen weichen sie recht oft von der Mikroklinoptik ab und bleiben dann der monoklinen Grundsubstanz näher verwandt. Die Begriffe Sanidin und Adular brauchen wir vorläufig nicht zu berücksichtigen, in der Meinung, daß sie nur als morphologisch-genetische Unterarten der Orthoklase im weiteren Sinne definierbar sind. Auch darauf wird später zurückzukommen sein.

1. Die Entmischung[1].

Sowohl Mikroklin wie Orthoklas der genannten Definition weisen in unseren Pegmatiten öfters Entmischungsphänomene auf. Spindel-

---

[1] Während der Drucklegung dieser Arbeit ist von *H. Schalfeld* (N. Jahrb. f. Min., Bd. 83, S. 347—374, 1952) eine Studie „Zu den Strukturbesonderheiten der K-Na-Feldspäte in Abhängigkeit von ihrem Na-Gehalt" erschienen, die experimentelle Untersuchungen über Orthoklasperthite und ihre Homogenisierung durch Tempern enthält. Auch *Schalfeld* spricht von „triklinen Bereichen", worunter jedoch in erster Linie die durch Entmischung entstandenen Albitlamellen verstanden werden. In der vorliegenden Arbeit wird die Homogenisierungsfrage der Perthite nicht behandelt. Ist späterhin innerhalb der Orthoklase von triklinen Bereichen die Rede, so handelt es sich nicht um die entmischten Albitlamellen, sondern um den bei der Entmischung rückgebliebenen Alkalifeldspatanteil, der mikroskopisch noch „einheitlich" erscheint. Ob das trikline Verhalten als *sub*mikroskopisches Überlagern von echt monoklinen und echt triklinen Bereichen denkbar wäre, wird diskutiert, ohne eine endgültige Entscheidung zu treffen.

und Aderperthite sind die häufigsten Entmischungsformen; es fehlen aber auch die Bandperthite nicht, in denen sehr oft die bereits ziemlich großen triklinen Albitkristalle nach dem Albitgesetz verzwillingt sind. Verzwillingung sieht man übrigens auch in Aderperthiten.

a) Orientierung der Albitstreifen.

Ist Streifen- oder Bandperthit vorhanden, so kann man zunächst, ohne auf die optische Orientierung der Albite selbst einzugehen, fragen, ob die ausgezeichnete Streifen- oder Bandrichtung zum Mutterkristall bestimmte Lagen bevorzugt. Das Resultat derartiger Untersuchungen ist folgendes:

Auf der Fläche (010) bilden die Streifen gegenüber der Spaltbarkeit nach (001) einen Winkel zwischen 66^0 und 75^0 in negativem Sinn. Meistens beträgt dieser Winkel 66^0 bis 67^0, so daß die Streifen mehr oder weniger der Richtung [001] folgen; dagegen deuten die Werte um 72^0 bis 75^0 auf die Richtung der Murchisonitspaltbarkeit hin, was außerdem an zahlreichen feinen, kurzen Rissen zu erkennen ist.

Auf der Fläche (001) beträgt der Winkel zwischen den Albitstreifen und der Spaltbarkeit (010) oft zwischen 50^0 bis 75^0, in positivem oder negativem Sinn, was auf eine Orientierung nach einer Kante [001/hkl] oder [001/hk̄l] hindeuten könnte. Es fehlen aber auch nicht die Orientierungen nach der Murchisonitspaltbarkeit [(8̄01) oder (7̄01)] und im allgemeinen nach der Kante [010]. Sie verlaufen im Mikroklinperthit parallel der Verwachsungsebene der nach dem Periklingesetz verzwillingten Lamellen. Nur in einzelnen Fällen wurden lokal Albitstreifen beobachtet, die eine Orientierung nach (010) besaßen (parallel der Verwachsungsebene der nach dem Albitgesetz verzwillingten Lamellen des Kalifeldspates).

Auf die Frage über eine wahrscheinliche Abhängigkeit der Orientierung der Perthitstreifen von der Art und Intensität der Verzwillingung des Ausgangsindividuums, wie dies von einigen Autoren behauptet wurde, hat die Untersuchung der Tessiner Pegmatite keine bestimmte Antwort erteilen können. Es gibt nämlich Beispiele, bei denen in der Nähe der Streifen des entmischten Albites die Verzwillingung des Na-Kaliumfeldspates vollkommen entwickelt ist, im Gegensatz zu den weit von den Perthitstreifen liegenden Partien, die keine oder fast keine Verzwillingung aufweisen. Dies gilt besonders für Mikrokline, die wir aus den später zu erwähnenden Gründen als aus Orthoklas entstanden annehmen müssen, wobei die Umwandlung des Orthoklases in die trikline Form und mit dieser Umwandlung in Beziehung stehende Gitterung bei tieferer Temperatur stattgefunden hat. Anderseits ist auffallend, daß auch Fälle notiert wurden, bei denen der Kaliumfeldspat an Stellen ohne Entmischung eine sehr gute Verzwillingung zeigte, Entmischungen aber im gleichen Schnitt da auftraten, wo die Verzwillingung fehlte. Dies trifft immerhin selten zu. Dort aber, wo eine gewisse parallele Entwicklung der Entmischung und der Verzwillingung auf der Fläche (001) bemerkbar war, konnte festgestellt werden, daß fast keine Abhängigkeit von der Art der Verzwillingung existiert. Folgt die Orientierung der Albitstreifen einer

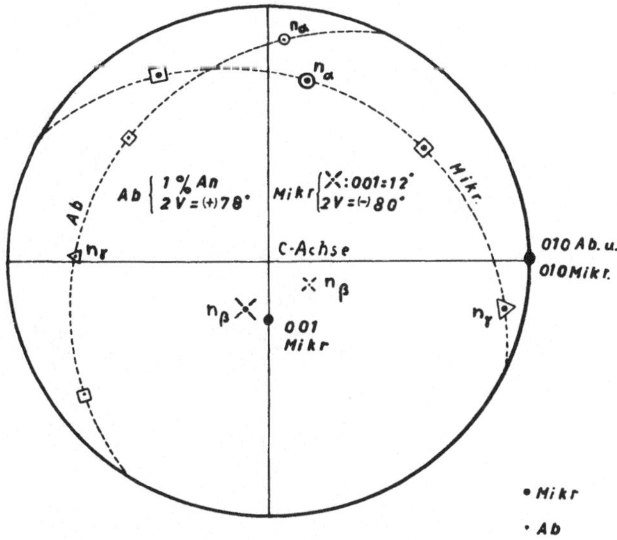

Abb. 4. Kristallographische und optische Orientierung des Mikroklins und des entmischten Albits im Mikroklinperthit. Palagnedra. Schliff B₃α.

Kante [001/hkl] oder [001/hkl], so können beide Gesetze (Albit- und Periklingesetz) gleich stark vertreten sein. Seltener waren die Lamellen nach dem Periklingesetz etwas gröber als diejenigen nach dem Albitgesetz; ist die Orientierung der Streifen nach [010], so besitzen beide Lamellensysteme fast die gleiche Größe.

b) *Kristallographische und optische Orientierung der durch Entmischung entstandenen Albitindividuen gegenüber dem Kaliumfeldspat.*

Die Orientierung des Perthitalbites in kristallographischer und optischer Hinsicht gegenüber dem Kaliumfeldspat als Wirt wird durch die stereographische Projektion Abb. 4 veranschaulicht (U-Tisch-Messung), wobei die vorhandenen Spaltbarkeiten (001) und (010) des Mikroklines und (010) des Albites miteingetragen wurden (Schliff

$B_{3\alpha}$). Nach der Transformation der Projektion in die übliche Mikroklinaufstellung erhält man Abb. 4 für beide Feldspäte.

Abb. 5 zeigt zum Vergleich die analogen Projektionen mit der Zone [001] als Grundkreis eines typischen Mikroklines und eines sehr Ca-armen Albites (0,5% *An*) nach den Daten aus dem Buch von *Winchell* (90, S. 309 und 314).

Daraus geht hervor, daß in unserem Falle beide Komponenten die Fläche (010) und die c-Achse gemeinsam haben. Dies beruht natür-

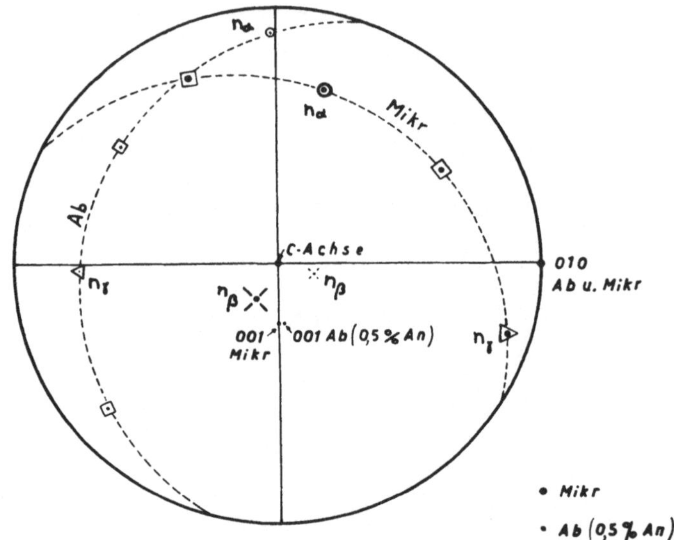

Abb. 5. Optische Orientierung des Mikroklins und Albits *(Winchell)*.

lich darauf, daß das Gitter des Mikroklines eine bestimmte Orientierung des entmischten Albites erzwungen hat.

Die Ebenen der optischen Achsen beider Komponenten bilden miteinander einen Winkel von ungefähr 30° und der Winkel zwischen n_α der zwei Komponenten beträgt 14°.

c) *Die Or- und Ab-Zusammensetzung der Perthite.*

Um den Anteil des entmischten Albites in Mikroklin- und Orthoklasperthiten berechnen zu können, sind die Alkalien einiger Perthit-Sammelindividuen bestimmt worden. Diese Daten sind in der Tab. 1 zusammengestellt. Gleichzeitig wurden die Auslöschungsschiefen des Mikroklins bzw. des Orthoklases auf der Fläche (010) gegenüber der Spaltbarkeit (001) bestimmt. Die entsprechenden Werte des Natriumfeldspatgehaltes, der nach der Entmischung noch im Kaliumfeldspat verbleibt, also nicht in die entmischte Phase einging, sind versuchs-

Tab. 1. *Die Or- und Ab-Zusammensetzung der Perthite.*

Nr.	Alkaligehalt Gewicht % für Gesamtindividuum		Alkaligehalt für Gesamtindividuum berechnet auf Ab und Or		Alkalifeldspat nach der Entmischung							Ab Mol % entmischt
					Lichtbrechung		$\frac{1}{2}(n_{\alpha D}+n_{\gamma D})$	$n_\alpha{:}a$ bzw. $n'_\alpha{:}a$ auf (010)	Ab Mol % in K-Feldspat (bestimmt nach Oftedahl)	Ab Mol % in K-Feldspat (bestimmt nach Winchell)	
	Na_2O	Ka_2O	Ab Mol %	Or Mol %	$n_{\alpha D}$	$n_{\gamma D}$					
Mikroklinperthite											
B_3	3,57	12,18	30,8	69,2	1,520²	1,527	1,5235	6⁰	15		15,8
B_5	4,61	13,23	34,6	65,4	1,519³	1,526¹	1,5225	6¹/₂⁰	20		14,6
E_2	2,90	13,20	25,0	75,0	1,519⁷	1,526	1,5225	6⁰	15		10,0
Orthoklasperthite											
A_7	5,96	11,65	43,7	56,3				6¹/₂⁰		14	29,7
Γ_1	3,67	12,37	31,0	69,0				6⁰		10	21,0
H_4	3,65	12,68	30,4	69,6				6⁰		10	20,4
Θ_3	4,23	13,98	31,5	68,5				7⁰		17	14,5

B_3, B_5 Deponiestollen Palagnedra

E_2 Deponiestollen Corcapolo

Λ_7 Standseilbahn Zentrale Verbano bei Porto Ronco

Γ_1 Anfang Freilaufstollen Palagnedra

H_4 Brissago

Θ_3 Riveo Maggiatal

Analytiker: *J. Jakob* (Zürich)

weise für die Mikroklinperthite aus dem Diagramm von *Oftedahl* (58) und für die Orthoklasperthite aus dem Diagramm von *Winchell* (90, S. 299) herausgesucht worden. Um das Diagramm von *Oftedahl* verwenden zu können, haben wir für die Mikrokline die Brechungsindices n_α und n mit Hilfe der Immersionsmethode bestimmt. Die Lichtbrechung der Flüssigkeiten wurde mit dem Abbe-Refraktometer bestimmt und eine Na-Dampflampe wurde als Lichtquelle gebraucht. Wegen der Umwandlung des Orthoklases in Mikroklin konnte das gleiche Verfahren für die Orthoklasperthite nicht durchgeführt werden. Um auch hier approximative Werte zu erhalten, wurde das Diagramm von *Winchell* als zu Recht bestehend angenommen. Der Anteil der durch Entmischung im Perthit entstandenen Albitmenge sollte nach diesen Berechnungen durch Subtraktion des im Kalifeldspat zurückgebliebenen Ab-Gehaltes aus dem ganzen Ab-Gehalt des Perthites erhalten werden. Bemerkenswert ist, daß nach den optischen Daten, sofern sie richtig interpretiert wurden, im Kaliumfeldspatanteil noch ziemlich viel Na_2O verblieben ist. Der Restfeldspat liegt an der Grenze: Kaliumfeldspat zu Na-Kaliumfeldspat.

Wie die Tab. 1 zeigt, variiert, auf die Gesamtindividuen bezogen, der Na-Gehalt der analysierten Alkalifeldspäte zwischen 2,90% und 5,96%, oder in Mol.% *Ab* ausgedrückt: von 25% bis 43,7% *Ab*. Analoge Werte hat auch *C. Warren* (88) in Mikroklinperthiten festgestellt. Es handelte sich ursprünglich um Na-Kaliumfeldspäte.

2. Die Mikroklinperthite.

In vielen Perthiten gehört der Wirtkristall zur Gruppe des Mikroklines; in anderen Fällen muß er als Orthoklas bezeichnet werden, weil er noch optisch sich monoklin verhaltende Bereiche enthält. Partienweise sind jedoch auch diese Orthoklase triklinisiert, und es scheint kein Zweifel möglich zu sein, daß die triklinen und oft ihrerseits verzwillingten Partien im Orthoklas nachträglich entstanden sind. Diese triklinen Partien entsprechen aber den optischen Verhältnissen nach nicht immer typischem Mikroklin.

a) *Optische Eigenschaften des typischen Mikroklines.*

Die für den Mikroklin oft als charakteristisch betrachtete Gitterung besonders in Schnitten der Zone [010] ist auch hier verbreitet, aber es gibt nicht wenige Fälle, bei denen keine oder fast keine Gitterung in Schnitten der Zone [010] bemerkbar ist. Da aber, wie erwähnt, auch „Orthoklas" gegitterte Partien enthalten kann, war die Gitterung allein kein Kriterium, ob es sich um normalen Mikroklin handelt (siehe Abb. 6). Die Unterscheidung zwischen Mikroklin und Orthoklas mit triklinisierten Partien war manchmal noch deshalb schwieriger, weil die Umwandlung mancher Orthoklase in trikline Symmetrie unregelmäßig erfolgt ist. Man mußte deshalb die Auslöschungsschiefe auf der Fläche (001) in vielen Stellen des Präparates oder in vielen Spaltblättchen bestimmen, um eindeutige Resultate und Zuordnungen zu erhalten.

Abb. 6.   Orthoklas, zum Teil in triklin gegitterten Feldspat übergehend. Schnitt ∥ (001). Schliff I'1α. Nicols +28 fach.

Die Auslöschungsschiefen n'_α : Spur (010) auf der Fläche (001) schwankte für diejenigen Kristalle, die wir den typischen Mikroklinen zurechnen wollen, zwischen 14^0 und $20{,}5^0$, wobei sie selten kleiner als 15^0 und meistens größer als 16^0 waren. Bei den Orthoklasen, die zum Teil in trikline Symmetrie umgewandelt wurden, war in den triklinen Partien der Winkel n'_α : Spur (010) recht variabel, wie später noch dargetan wird. Auf der Fläche (010) zeigten die Mikrokline eine Auslöschungsschiefe n'_α : a von 6^0 bis $6^1/_2{}^0$.

Hinsichtlich der Lage der Ebene der optischen Achsen beider Alkalifeldspäte haben die mit Hilfe des U-Tisches gewonnenen Resultate keine nennenswerten Unterschiede gezeigt. Die Fläche (001) bildet mit der E. O. A. am häufigsten Winkel um 12^0, wie es in der Tab. 2 dargestellt ist; die E. O. A. weicht also nicht viel von der Lage der Fläche (001) ab. Somit dürfen diese Mikrokline als pseudonormalsymmetrisch bezeichnet werden.

Der Winkel $2 V_\alpha$ betrug für die Mikrokline zwischen 80^0 und 84^0 (U-Tisch). Für die Orthoklase wurden Winkel $2 V_\alpha$ auch kleiner als 80^0 gemessen und seltener kleiner als 60^0.

Die Tab. 2 faßt die Auslöschungsschiefe $n'_\alpha : a$ auf (001) und $n'_\alpha : a$ bzw. $n_\alpha : a$ auf (010), die Winkel $2 V_\alpha$ und die Winkel, die die E. O. A. mit (001) und n_α mit (010) bilden, für einige Mikrokline und Orthoklase zusammen. Alle in der Tabelle angegebenen Alkalifeldspäte wurden in Pulverdiagrammen auch röntgenographisch untersucht. Die Winkel $2 V_\alpha$, die Ebene der optischen Achsen, (001) und $n_\gamma : (010)$ wurden mit dem U-Tisch bestimmt. Zur Bestimmung der Auslöschungsschiefe wurden neben Dünnschliffen auch Spaltblättchen gebraucht. Auslöschungsschiefe auf (001) der „Orthoklase" der Tab. 2 verschieden von 0^0 und Winkel $n_\gamma : (010)$ verschieden von 90^0, entsprechen natürlich Partien, die optisch trikline Symmetrie besitzen.

Tab. 2. *Optische Daten für Mikrokline und „Orthoklase".*

Nr.	$2 V_\alpha$	$n'_\alpha : a$ auf (001)	$n'_\alpha : a$ bzw. $n_\alpha : a$ auf (010)	E. O. A. : (001)	$n_\gamma : (010)$
Mikrokline					
B 3	$81^0 - 83^0$	$14{,}5^0 - 20^0$	6^0	um 12^0	$68^0 - 72^0$
B 5	$80^0 - 83^0$	$14{,}5^0 - 19^0$	$6^1/_2{}^0$	um 12^0	um 70^0
E 2	$81^0 - 83^0$	$14^0 \ \ -20{,}5^0$	6^0	um 13^0	um 73^0
Orthoklase bzw. triklinisierte Orthoklase					
A 7	$75^0 - 80^0$	$0^0 \ \ -18^0$	$6^1/_2{}^0$	$4^0 - 13^0$	$90^0 - 80^0$
Γ 1	$60^0 - 84^0$	$0^0 \ \ -19^0$	6^0	$10^0 - 18^0$	$90^0 - 76^0$
H 4	$80^0 - 85^0$	$0^0 \ \ -15^0$	6^0	$12^0 - 14^0$	$90^0 - 83^0$
Θ 3	$80^0 - 82^0$	0^0	7^0	um 10^0	90^0

b) *Röntgenographische Untersuchung an Kristallpulvern.*

Die Aufnahmen sind mit Fe-K-Strahlung und mit einer Debye-Scherrer-Kamera von 114,4 mm Durchmesser aufgenommen worden. Für die Orthoklasperthite ist zum Teil auch Cr-K-Strahlung verwendet worden, dies in Fällen, in denen bei mit Fe-Strahlung aufgenommenen Aufnahmen die starken Reflexe $(20\bar{2})$ und $[(002)\,(040)]$ sehr nahe beieinander lagen. Cr-K-Strahlung ist auch für einige Mikroklinperthite verwendet worden. Das Pulver wurde mit etwa 12% NaCl gemischt, um durch Eichung genauere ϑ-Werte zu erhalten. Aus den Pulveraufnahmen wurde die Intensität der Linien geschätzt und mit den entsprechenden $\vartheta_{\text{Fe-K}\alpha}$-Werten Diagramme konstruiert, welche die Lage der Interferenzen und die ihnen zukommenden relativen Intensitäten angeben und dadurch einen Vergleich der Pulveraufnahmen ermöglichten. Die Pulveraufnahmen der Mikrokline zeigten gegenüber denjenigen, die noch monoklinen Orthoklas enthielten, charakteristische Unterschiede.

In der Abb. 7 sind die Diagramme der $\vartheta_{\text{Fe-K}\alpha}$-Werte von zwei Mikroklinperthiten (E_2, B_3) und einem Orthoklasperthit dargestellt; die ϑ- und d-Werte sind für die zwei Mikroklinperthite in der Tab. 3 zusammengestellt (nur α-Linien). Optische Eigenschaften siehe in der Tab. 2. Alle drei Aufnahmen zeigt die Abb. 8 (ohne NaCl-Beimischung), für A_7 aber wurde das Präparat während der Aufnahme ruhend gelassen. In der Abb. 8 wurden auch je eine Aufnahme von Mikroklin- (B_3) und Orthoklasperthit (Γ_1) beigefügt, die mit Cr-K-

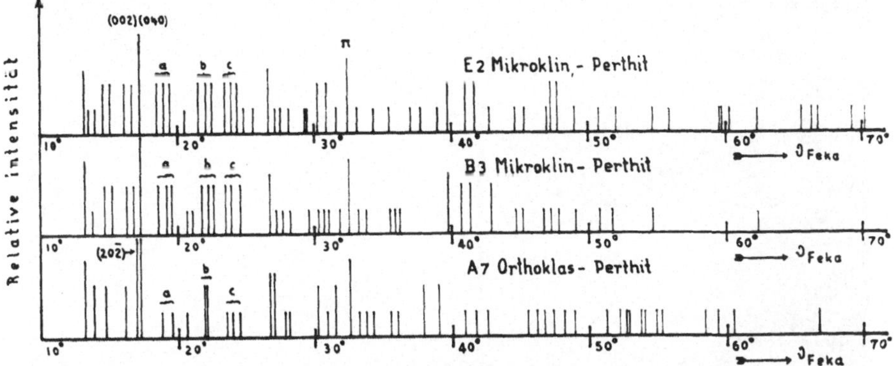

Abb. 7. Diagramm der ϑ-Fe-Kα-Werte von zwei Mikroklinperthiten (E_2, B_3) und einem Orthoklasperthit (A_7).

Strahlung aufgenommen wurden. Man sieht sehr deutlich die zwei sehr starken Reflexe ($20\bar{2}$) und [(002) (040)] des Orthoklasperthites, anstatt nur eines des Mikroklinperthites [(002) (040)].

Wie aus der Abb. 7 zu ersehen ist, sind folgende Unterschiede in den Pulveraufnahmen der Mikrokline und des Orthoklases ersichtlich, die für die Unterscheidung der zwei Kaliumfeldspäte maßgebend sind (außer dem gemeinsamen Reflex π).

1. Die Orthoklase zeigen zwei sehr starke, nebeneinander liegende Reflexe mit ϑ um $17^0\,00'$ ($20\bar{2}$) und $17^0\,20'$ [(002) (040)]; die Mikrokline besitzen dagegen nur einen sehr starken Reflex [(002) (040)] bei $\vartheta = 17^0\,20'$.

2. Die Pulveraufnahmen der Mikrokline zeigen außerhalb des sehr starken Reflexes [(002) (040)] drei Gruppen von je drei Linien mit gleicher Intensität und fast gleichen Abständen. Diese Gruppen sind auch bei den Pulveraufnahmen der Orthoklase vorhanden, aber die ersten zwei setzen sich hier nur aus je zwei Linien zusammen. In der Tab. 4 sind die Linienabstände dieser drei Gruppen von einigen schon erwähnten Proben der Mikroklin- und Orthoklasperthite angegeben; die Abstände sind in Minuten ϑ-Fe-K$_\alpha$ ausgedrückt. Die drei Gruppen sind in der Abb. 7 und in den Tab. 3, 4 und 5, der Reihe nach, mit a, b, c bezeichnet.

Beide Alkalifeldspäte zeigen in ihren Pulveraufnahmen einen mäßigen bis starken Reflex mit $\vartheta_{\text{Fe-K}\alpha}$ um 32^0 $30'$; dieser Reflex ist in der Abb. 7 und in den Tab. 3 und 5 mit π bezeichnet.

Es gibt noch weitere mäßige bis schwache Reflexe, über die nur die Tab. 3 und 5 sowie Abb. 7 Auskunft geben. Alle röntgenographisch untersuchten Alkalifeldspäte waren Perthite mit entmischtem Albit.

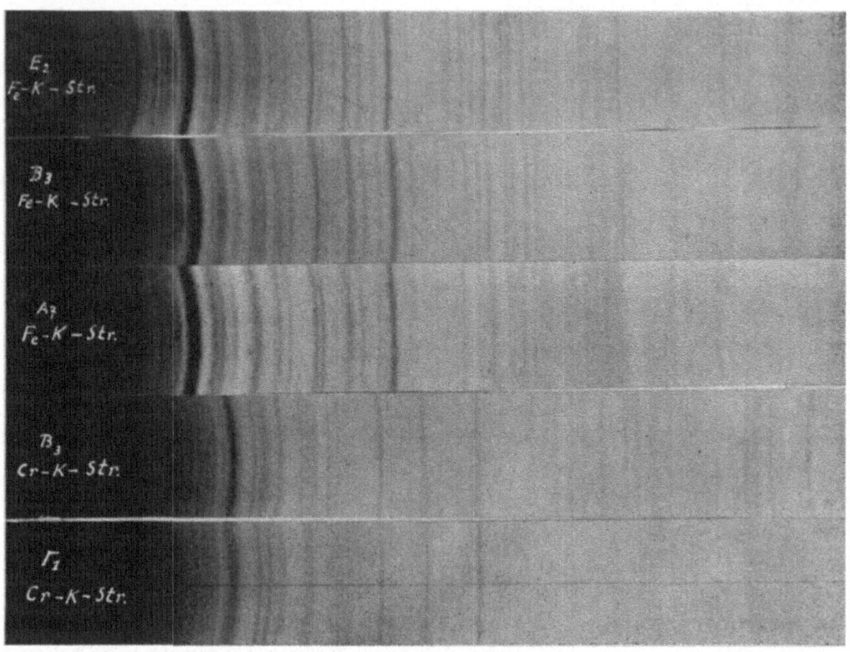

Abb. 8. Pulveraufnahmen von Perthiten. Kameradurchmesser 114,4 mm. Fe-K-Strahlung: E_2, B_3 Mikroklinperthite (E_2 Mol. $\%$: Ab 25,0, Or 75,0; B_3 Mol. $\%$: Ab 30,8, Or 69,2), A_7 Orthoklasperthit (Mol. $\%$: Ab 43,7, Or 56,3). Cr-K-Strahlung: B_3 Mikroklinperthit, Γ_1 Orthoklasperthit (Γ_1 Mol. $\%$: Ab 31,0 Cr 69,0).

Trotzdem hat in den Pulveraufnahmen die Albitkomponente nicht deutliche Reflexe gegeben; sogar der sehr starke Reflex [(040) (002)] des Albites ($\vartheta_{\text{Fe-K}\alpha}$ um 17^0 $35'$) ist nicht sehr deutlich bemerkbar, und zwar auch auf Cr-Strahlungsaufnahmen nicht. Es wurde deshalb dem Alkalifeldspatpulver noch Albitpulver beigemischt, wobei sich ergab, daß bei einer zusätzlichen Beimischung von zirka 10% Albit die Albitlinien deutlich in Erscheinung traten. Durch weitere Untersuchungen muß die Empfindlichkeitsgrenze der Röntgenogramme gegenüber Albitbeimischungen abgeklärt werden, weil nur nach Kenntnis dieser Verhältnisse wichtige Schlüsse aus Pulverdiagrammen gezogen werden können. Die hier aufgeführten röntgenographischen Resultate stimmen im übrigen gut mit denjenigen der 1951 erschie-

nenen Dissertation von *J. Osten* (60) (unter Leitung von *E. Niggli*)
über die Untersuchung der natürlichen Alkalifeldspäte an Hand von
Pulverdiagrammen überein. In der Lage der verschiedenen Interferenzen sind gewisse Unterschiede beobachtet worden, was man den
Unterschieden der chemischen Zusammensetzung zuschreiben muß.
Doch ist die Übereinstimmung der charakteristischen stärkeren Linien
befriedigend.

Nach den Untersuchungen von *Osten* lassen sich röntgenographisch in Pulverdiagrammen bei den Alkalifeldspäten vorläufig voneinander unterscheiden:

Gruppe A: Feldspäte vom monoklinen Typus (*Orthoklasgruppe*,
umfassend Sanidin, Orthoklas, Adular).

Gruppe B: Feldspäte vom *Mikroklintypus*.

Gruppe C: *Niedertemperaturalbit*, gewöhnlicher Albit.

Gruppe D: *Anorthoklas*, eventuell in Analogie zu *Hochtemperatur-
Albit*.

Gruppe E: Eventuell Kryptoperthite mit hohem *An*-Gehalt.

Rhombenporphyrfeldspäte zeigen in Übereinstimmung mit den
neueren Untersuchungen von *Oftedahl* ein Pulverdiagramm ähnlich
demjenigen gewöhnlicher Oligoklase.

Von unseren Pegmatiten konnten Feldspatdiagramme erhalten
werden, die sich den Typen A und B zuordnen lassen. Dabei trat der
Typus A auf, selbst wenn ein Teil des Orthoklases triklinisiert war. In
den untersuchten Perthiten war meist die stärkste Albitlinie nicht sehr
deutlich sichtbar, die *Osten* in Perthiten mehrfach nachweisen konnte.

3. Die Orthoklasperthite.

Die Untersuchung der Tessiner Pegmatite hat gezeigt, daß in bezug
auf optisches und röntgenographisches Verhalten in den Perthiten
sehr oft Orthoklas am Aufbau beteiligt ist. Die Tatsache, daß er partiell oft triklinisiert ist und deshalb eine Gitterung und von monoklinem Verhalten abweichende Auslöschungsschiefe auftritt, ist, unserer Meinung nach, der Grund, warum der Orthoklas bis jetzt selten
als Bestandteil der Tessiner Pegmatite erwähnt wurde. Auch mir war
am Anfang der Untersuchung der Orthoklas entgangen, bis ich be-
merkte, daß für einige „Mikrokline" die Auslöschungsschiefe auf der
Fläche (001) nicht immer derjenigen des Mikroklines entsprach oder
sogar bis auf $0°$ sinken konnte, und manchmal der Achsenwinkel
$2 V_\alpha$ kleiner war als $2 V_\alpha$ des Mikroklines. Deshalb mußte ich dieses
Mineral, das in manchen Fällen völlig monoklin erscheinende Bereiche enthält, von Mikroklin unterscheiden. Die erfolgte röntgenographische Untersuchung bestätigte die Zugehörigkeit zur Gruppe A
von *Osten*.

Tab. 3. *Pulverdiagramme zweier Mikroklinperthite, ϑ-Werte korrigiert (NaCl-Eichung). Fe-K-Strahlung, Kameradurchmesser 114,4 mm.*

E_2	Mikroklinperthit Corcapolo	Mol %	Or 75,0 Ab 25,0		B_3	Mikroklinperthit Palagnedra	Mol %	Or 69,2 Ab 30,8	
Intens.	ϑ Fe-Kα	d (Kx)			Intens.	ϑ Fe-Kα	d (Kx)		
s-m	13° 14'	4,22			m	13° 13'	4,22		
ss	13° 34'	4,11			ss	13° 48'	4,05		
ss	14° 3'	3,98							
s	14° 37'	3,82			s	14° 31'	3,85		
s	15° 9'	3,69			s	15° 5'	3,71		
s	16° 6'	3,48			s	16° 12'	3,46		
s	16° 45'	3,35			s	16° 46'	3,35		
s. st	17° 19'	3,24	(1)		s. st	17° 22'	3,24	(1)	
s	18° 36'	3,03		a	s	18° 38'	3,02		a
s	19° 6'	2,95			s	19° 7'	2,95		
s	19° 29'	2,89			s	19° 31'	2,82		
ss	20° 33'	2,75	br		ss	20° 32'	2,75		
					ss	21° 3'	2,69		
s	21° 36'	2,62			s	21° 38'	2,62		
s	22° 6'	2,57		b	s	22° 2'	2,57		b
s	22° 32'	2,52			s	22° 30'	2,52		
s	23° 30'	2,42			s	23° 28'	2,42		
s	23° 54'	2,38		c	s	23° 58'	2,38		c
s	24° 26'	2,33			s	24° 30'	2,33		
ss	24° 53'	2,29							
ss	25° 28'	2,24							
m-s	26° 35'	2,16			m-s	26° 37'	2,15		
ss	27° 9'	2,12			ss	27° 10'	2,11		
ss	27° 33'	2,10			ss	27° 36'	2,08		
ss	28° 9'	2,047			ss	28° 10'	2,047		
ss	29° 29'	1,963			ss	29° 29'	1,963		
ss	29° 36'	1,956							
s	30° 16'	1,917			ss	30° 12'	1,920		
					ss	30° 40'	1,894		
s	31° 21'	1,857			ss	31° 23'	1,855		
ss	32° 0'	1,823			ss	32° 12'	1,813		
m	32° 30'	1,798	π		m	32° 27'	1,791	π	
ss	33° 7'	1,768			ss	33° 11'	1,765		
ss	33° 49'	1,735			ss	33° 48'	1,737		
ss	35° 20'	1,670			ss	35° 23'	1,668		
					ss	35° 49'	1,651		
ss	37° 2'	1,604			ss	37° 2'	1,604		
ss	37° 48'	1,576							
ss	39° 5'	1,533							
s	39° 46'	1,510			m-s	39° 45'	1,510		

E₂	Mikroklinperthit Corcapolo	Mol%	Or 75,0 Ab 25,0	B₂	Mikroklinperthit Palagnedra	Mol%	Or 69,2 Ab 30,8
Intens.	ϑ Fe-Kα	^{d} (Kx)		Intens.	ϑ Fe-Kα	^{d} (Kx)	
s	41° 5'	1,470		s	41° 5'	1,470	
s	41° 44'	1,451		s	41° 39'	1,443	
ss	42° 44'	1,423		s	42° 44'	1,423	
ss	44° 40'	1,374		ss	44° 40'	1,374	
				ss	45° 13'	1,361	
ss	45° 22'	1,358					
ss	46° 59'	1,321		ss	46° 43'	1,327	
s	47° 15'	1,316		ss	47° 15'	1,316	
s	47° 48'	1,304		ss	47° 48'	1,304	
ss	48° 58'	1,281		ss	49° 2'	1,279	
ss	50° 44'	1,248		ss	50° 43'	1,248	
				ss	51° 41'	1,231	
ss	52° 4'	1,225					
ss	54° 47'	1,183		ss	54° 42'	1,184	
ss	55° 49'	1,168					
ss	59° 33'	1,121					
ss	59° 51'	1,117					
ss	60° 15'	1,113					
ss	62° 17'	1,091		ss	62° 23'	1,090	
ss	65° 33'	1,061					
ss	66° 12'	1,056					
ss	66° 44'	1,052					
ss	69° 19'	1,032					
ss	70° 6'	1,027					

br = breite Linie	ss = sehr schwach
s. st = sehr stark	(1) = Netzebenen (002) und (040), in den
m = mäßig stark	Pulveraufnahmen nicht voneinan-
s = schwach	der unterscheidbar.

a) *Optische Eigenschaften.*

Wie schon kurz erwähnt wurde, besitzt der sogenannte Orthoklas sehr oft Bezirke, die sich bereits optisch triklin verhalten. Es sind alle Übergänge von fehlender, beginnender bis vollständiger Triklinisierung vorhanden. Das gibt uns Veranlassung, auf ältere und neuere Arbeiten hinzuweisen, die von monoklinen Alkalifeldspäten ähnliches zu berichten wissen.

Tab. 4. *Winkelabstände zwischen den Einzellinien der drei Interferenzlinien-gruppen von Mikroklin- und Orthoklasperthiten bei* $\vartheta Fe\text{-}Ka = 18^0$ *bis* 25^0.

	Nr.	Gruppe a Linien		Gruppe b Linien		Gruppe c Linien	
		1—2	2—3	1—2	2—3	1—2	2—3
Mikroklin-perthite	B 3	29′	24′	24′	28′	30′	32′
	B 5	33′	29′	26′	28′	30′	37′
	E 2	30′	23′	30′	26′	24′	32′
Orthoklas-perthite	A 7	39′		20′		27′	30′
	Γ 1	35′		23′*		—	36′
	H 4	35′		22′		—	34′

* Aus Cr-Strahlungsaufnahme bestimmt.

Schon früh beschrieb *Mallard* (51) das Vorhandensein trikliner Lamellen in Kristallen von klarem Orthoklas.

Nach den Betrachtungen von *Barth*, der trikline Adulare mit gitterartiger Struktur beschrieb, hat *Koehler* (44) die Auslöschungs-schiefe zahlreicher Adulare bestimmt und dabei gefunden, daß die Mehrzahl der untersuchten Kristalle trikline Symmetrie aufwies. Die trikline Symmetrie war besonders um Einschlüsse oder in der Nähe von Spaltrissen und zerstörten Zonen des Kristalles zu bemerken; aber er hat auch Kristalle gefunden, die als Ganzes eine Aus-löschungsschiefe und einen Achsenwinkel besaßen, welche sich schon sehr gut den entsprechenden Eigenschaften des Mikroklines nähern. Von diesen Beobachtungen ausgehend, vermutet *Koehler,* daß der Adular in Mikroklin umgewandelt wurde.

Taylor (78) erwähnt, daß bezüglich der Röntgeninterferenzen Rotationsaufnahmen von Mikroklinperthiten sehr ähnlich denjenigen von Adular waren.

Ur. Chaisson (14) stellte an einem größeren Untersuchungs-material fest, daß das optische Verhalten des Adulares recht kompli-ziert sein kann. Einige Kristalle zeigen monokline und andere tri-kline Symmetrie; es gibt schließlich auch solche mit zum Teil mono-kliner und zum Teil trikliner Symmetrie. Monokline Symmetrie be-sitzen nach ihr besonders die kleinen Kristalle, die größeren da-gegen (3 mm und mehr) weisen im Kristallzentrum eine kleine, tri-klin zu deutende Auslöschungsschiefe auf, die aber nach außen hin größer wird. So hat die Autorin in Schnitten ⊥ c variable Aus-löschungsschiefe gefunden, von denen nur die maximalen sich der Auslöschungsschiefe des Mikroklines näherten. Die Autorin hat in den untersuchten Adularen $2 V_\alpha$ zwischen 22^0 und 64^0 gemessen. In bezug auf die Orientierung der Ebene der optischen Achsen (E. O. A.) hat *Ur. Chaisson* bemerkt, daß während der Umwandlung von der monoklinen nach der triklinen Symmetrie, die Ebene der optischen Achsen sukzessive ihre ursprüngliche Lage ändern kann, ja von der Lage angenähert ⊥ (010) und fast ‖ (001) immer mehr in eine Lage angenähert ‖ (010) und ⊥ (001) übergehen kann. *Ur. Chaisson* zieht aus ihren Betrachtungen den Schluß, daß der trikline Adular vom eigentlichen Mikroklin unterschieden werden kann und dem optischen Verhalten nach nicht als eine dem Mikroklin direkt entsprechende Modifikation betrachtet werden darf. Der trikline Adular hat seine eigenen optischen Eigenschaften und kommt sekundär vom monoklinen Adular her, dessen eine Modifikation er darstellt.

F. Laves (47) hat die Kaliumfeldspäte röntgenographisch untersucht und die Beziehung zwischen den Strukturen von Mikroklin, triklinem Adular und Orthoklas auf Grund der Intensitäten ihrer Röntgenreflexe diskutiert. Ferner schließt *F. Laves* aus experimentellen Untersuchungen, daß die monokline Modifikation der Kaliumfeldspäte vom Typus Orthoklas bei tieferen Temperaturen instabil sein müsse, was auch von andern Forschern angenommen wurde. Die Goniometer-Aufnahmen der nach *Laves* ursprünglich monoklinen Orthoklase zeigen häufig bereits diffuse Linien, die auf eine partielle Umwandlung zu trikliner Symmetrie zurückzuführen sind. Als trikline Modifikationen können auftreten: Der Mikroklin oder trikliner Adular oder beide. Analoge Aufnahmen von ursprünglich monoklinem Adular (der üblichen Fundorte für Adular) zeigen zwar keine Reflexe, die dem Mikroklin entsprächen, es sind aber wieder diffuse Linien bemerkbar, die auf das Vorhandensein trikliner Felder hindeuten. Diese Felder passen sich dem atomaren Arrangement derjenigen triklinen Modifikationen der Kaliumfeldspäte an, die als trikline Adulare bezeichnet wurden. Nach *Laves* kann man jedoch nicht immer mit Sicherheit entscheiden, ob die im monoklinen Adular auftretenden triklinen Sektoren dem Mikroklin oder dem triklinen Adular näher stehen. Immerhin hat die Untersuchung verschiedener bislang als nur monoklin angesehener Adularkristalle deutlich optisch trikline Symmetriebereiche feststellen lassen, wobei γ um $90^1/_2{}^0$ gemessen wurde, während für typischen Mikroklin $γ = 92^1/_2{}^0$ ist. Schließlich kann nach *Laves* die gitterartige Struktur der typischen Mikrokline nicht primär, sondern nur dadurch entstanden sein, daß ursprünglich im Gesamten monokline Symmetrie vorlag. Gegitterter Mikroklin nach Albit- und Periklingesetz ist nach *Laves* also stets einer Umwandlung aus früher monoklinen Individuen zuzuschreiben. Von den triklinen Alkalifeldspäten wird angenommen, daß sie bei niedriger Temperatur einzig stabil sind; ob unter besonderen Bedingungen monokline Alkalifeldspäte einen eigentlichen Stabilitätsbereich besitzen, ist noch nicht bekannt, sie konnten sich auch metastabil gebildet haben.

Wie schon bei der Beschreibung der Mikroklinperthite dargetan wurde, zeigt auch der Orthoklas der Tessinerpegmatite auf der Fläche (001) infolge Umwandlung in optisch triklin sich verhaltende

Abb. 9. Umwandlung des Orthoklases in trikline Modifikation. Schliff $\Gamma_{1\alpha}$. Nicols +. 100 fach.

Partien oft schiefe Auslöschung, wobei zu bemerken ist, daß es möglich ist, im gleichen Präparat Partien mit gerader Auslöschung und solche mit schiefer zu beobachten. In Fällen, wo die Auslöschungsschiefe nicht gerade ist, kann ihre Größe von Ort zu Ort variieren. Mit anderen Worten: Es zeigen die Orthoklase in den Tessiner Pegmatiten zum Teil noch optisch monokline Symmetrie, zum Teil sind sie in die trikline Symmetrie umgewandelt; doch braucht das Verhalten in den triklinen Sektoren nicht überall das gleiche zu sein. Immerhin wurde bei vom Verhalten des Mikroklins abweichenden Bestimmungsgrößen nie ein Kristall gefunden, der als ganzes triklin gewesen wäre, und wenn nur zum Teil trikline Symmetrie auftritt, dann verhält sich nicht selten der größere Teil des Kristalls noch monoklin. Dazu kommt eine andere sehr wichtige, mit der Umwandlung in trikline Form verbundene Tatsache oft hinzu, nämlich eine Gitterung, die auf der Fläche (001) sehr ausgeprägt sein kann. Ein solches Bild zeigt die Abb. 6 parallel der Fläche (001) eines Orthoklasperthites von Palagnedra aufgenommen; ein Teil des gleichen Schnittes ist in der Abb. 9 dargestellt.

Wie aus diesen Abbildungen zu sehen ist, handelt es sich um eine Umwandlung des Orthoklases in einen triklinen Feldspat mit mikroklinartiger Gitterung. Die Auslöschungsschiefen, sowie die andern optischen Eigenschaften des Orthoklases und seiner triklinisierten Felder sind bereits in Tab. 2 zusammen mit denjenigen des Mikroklines zusammengefaßt. Wie aus dieser Tabelle zu ersehen ist, kann die Auslöschungsschiefe der trikline Symmetrie aufweisenden Sektoren auf der Fläche (001) die Auslöschungsschiefe des Mikroklines erreichen, aber sie kann auch wesentlich kleiner als diejenige des Mikroklins sein. Bei dem triklinisierten Adular hat *Ur. Chaisson* den Winkel der Ebene $n_\alpha c$ mit (010) $\diamondsuit$ genannt und oft recht kleine Winkel (z. B. um 6^0) gefunden, während dieser Winkel bei Mikroklin wesentlich größer ist.

b) *Röntgenographische Untersuchung mit Pulveraufnahmen.*

Wie bereits erwähnt, zeigen nun auch die Pulveraufnahmen der Orthoklasperthite ($\pm$ triklinisiert) gegenüber denjenigen der Mikroklinperthite Verschiedenheiten, die für die Unterscheidung der zwei Mineralien von großer Bedeutung sind. Diese Unterschiede wurden auf Seite 213 erwähnt und sind auch an Hand eines Beispiels in Abb. 7 dargestellt. Es sind dort in der Tab. 5 die $\vartheta_{Fe\text{-}K\alpha}$ - und d-Werte des Orthoklasperthites A_7 angegeben, dessen Pulverdiagramm in der Abb. 8 dargestellt ist. Vergleicht man die Pulveraufnahmen der Orthoklasperthite mit den von *Osten* (60) publizierten Diagrammen der Familie des Orthoklases, so stimmen die Tessiner Orthoklase im einzelnen eher besser mit Diagrammen von Adular als mit solchen von Orthoklas im engeren Sinne (Orthoklasperthit) überein. Für die auftretenden Unterschiede muß man jedoch die Verschiedenheit in der chemischen Zusammensetzung, wie auch die teilweise Umwandlung des Orthoklases in trikline Form als verantwortlich betrachten. Die Umwandlung unserer Orthoklase im triklinen Bereiche muß bei tieferen Temperaturen stattgefunden haben. Vielleicht hat sie während der Entmischung begonnen, weil dann der Austritt der Na-Ionen aus dem Gitter des ursprünglich homogenen Orthoklases gewisse Umwandlungen im Gitter begünstigte, wobei das Gitter das Bestreben zeigt, sich den neuen Bedingungen anzupassen. Die in tieferen Temperaturen während der Entmischung einsetzende Mobilisation der Ionen kann die Umwandlung in eine trikline Form begünstigen.

Es ist an die vielen Versuche von *J. Hedvall* und seiner Schule zu erinnern, in denen dargetan wurde, wie in einem Reaktionsstadium Platztausch und Diffusionen besonders leicht vor sich gehen. Dabei ist es vielleicht müßig zu fragen, was den Anstoß gegeben hat: die Entmischung, die ja auch eine Reaktion ist, oder die Umwandlung aus einer monoklinen in eine trikline Varietät oder Modifikation. Uns scheint unzweifelhaft, daß beide Prozesse oft miteinander gekoppelt waren, wobei der eine den andern hat überdauern können. Aber die Verknüpfung ist keine naturnotwendige, da eine Umwandlung in eine trikline Modifikation auch an Adularen vom St. Gotthard usw. beobachtet wurde (14), die bei relativ niedriger Temperatur gebildet waren und keine merkliche Entmischung aufwiesen.

4. Diskussion über die Alkalifeldspäte. Triklinisierung und Mikroklinisierung des Orthoklases.

Es stellen sich nun einige Fragen bezüglich der Charakterisierung und der Umwandlung des Orthoklases, auf die im folgenden eingetreten wird. Deshalb möchte ich kurz wiederholen, daß die in den Tessiner Pegmatiten auftretenden Orthoklase infolge Umwandlung in eine trikline Modifikation oft teilweise gegittert sind, daß sie auf der Fläche (001) gerade und teilweise auch schiefe Auslöschung aufweisen, daß die Auslöschungsschiefe auf der Fläche (010) 6 bis 7° beträgt und der Achsenwinkel 2 Vα zwischen 60° und 85° schwankt. Röntgenographisch ist der Orthoklas in den Pulveraufnahmen gegenüber dem Mikroklin besonders durch zwei sehr starke Reflexe entsprechend $\vartheta_{Fe\text{-}K_\alpha}$ um 17° 00′ und 17° 20′ anstatt eines sehr starken Reflexes des Mikroklines mit $\vartheta_{Fe\cdot K_\alpha}$ um 17° 20′ charakterisiert.

Zuerst stellt sich die Frage, ob diese Eigenschaften überhaupt noch berechtigen, das ursprüngliche Mineral als Orthoklas kurzweg zu bezeichnen. Nach verschiedenen Autoren, so auch nach *Winchell* (90, S. 303), sind von den in den Eruptivgesteinen auftretenden Mineralien der Orthoklasfamilie die eigentlichen Orthoklase in den Tiefengesteinen, die Adulare in den Pegmatiten (und Gängen) und die Sanidine in den Ergußgesteinen zu finden. Er gibt für den Orthoklas Achsenwinkel 2 Vn$_\alpha$ 60° bis 85° und für den Adular 50° bis 70° an, aber er erwähnt nichts über eine mögliche trikline Symmetrie in der Familie der Orthoklase.

E. Spencer (1937) hat die monoklinen Alkalifeldspäte wie folgt untergeteilt:

2 Vn$_\alpha$ 50° und mehr bei normalsymmetrischer Lage der Ebene der optischen Achsen = Adular.

2 Vn$_\alpha$ 50° bis etwa 25° und normalsymmetrischer Lage der Ebene der optischen Achsen = wahre Orthoklase.

$2 \, Vn_\alpha < 25^0$ und normalsymmetrische oder $2 \, Vn_\alpha \; 0^0$ bis über 60^0 und parallelsymmetrische Lage der Ebene der optischen Achsen $=$ Sanidin.

Tab. 5. *Pulverdiagramm von Orthoklasperthit. Fe-K-Strahlung, Kameradurch-messer 114,4 mm, ϑ-Werte mit NaCl-Eichung korrigiert.*

	A_7 Orthoklasperthit Zentrale Verbano				Mol% Or 56,3 Ab 43,7		
Intens.	$\vartheta_{Fe\text{-}K\alpha}$	$D_{(Kx)}$		Intens.	$\vartheta_{Fe\text{-}K\alpha}$	$D_{(Kx)}$	
m	13° 10'	4,24		s	37° 57'	1,572	
s	13° 51'	4,03		s	39° 10'	1,530	
s	14° 45'	3,79					
s	16° 12'	3,46		ss	40° 54'	1,476	
s. st	17° 0'	3,30	(1)	ss	41° 41'	1,453	br
s. st	17° 24'	3,23	(2)	ss	42° 38'	1,426	br
ss	18° 51'	2,99	} a	ss	45° 40'	1,351	
ss	19° 30'	2,89		ss	46° 10'	1,340	
ss	20° 34'	2,75		ss	46° 44'	1,327	
s	21° 56'	2,58	} b	s	47° 26'	1,312	
s	22° 16'	2,55		ss	48° 15'	1,295	
s	23° 32'	2,42		ss	48° 58'	1,281	
ss	23° 59'	2,37	} c	ss	51° 17'	1,238	
ss	24° 29'	2,33		ss	52° 9'	1,224	
s-m	26° 35'	2,15		ss	52° 42'	1,215	
s-m	27° 7'	2,12		ss	52° 54'	1,211	
ss	27° 45'	2,075		ss	53° 34'	1,201	
ss	28° 7'	2,050		s	53° 56'	1,195	
s	30° 7'	1,926		ss	54° 52'	1,181	
ss	30° 48'	1,887		ss	55° 18'	1,175	
s	31° 24'	1,854		ss	58° 18'	1,136	br
m	32° 32'	1,796	π	ss	59° 18'	1,124	br
ss	33° 14'	1,763		ss	60° 28'	1,110	br
ss	33° 41'	1,749		ss	65° 10'	1,065	br
ss	34° 9'	1,722					
ss	35° 27'	1,666					
ss	35° 58'	1,645					

br = breite Linie	ss = sehr schwach
s. st = sehr stark	(1) = Reflex (20$\bar{2}$)
m = mäßig stark	(2) = Netzebenen (002) und (040) in den Pulverdiagrammen nicht voneinander unterscheidbar.
s = schwach	

Alle drei Typen vereinigte er zur Familie der monoklinen Orthoklase. Für den triklinen Mikroklin gibt dieser Autor an: $2 \, Vn_\alpha =$

$= 80^0 \div 3^0$. Nun wird in Lehrbüchern sehr selten der Begriff Orthoklas auf Winkel $2\,V = 25^0$ bis 50^0 beschränkt; *Rosenbusch* hat beispielsweise noch Werte über 80^0 angegeben und auch *Winchell* ist *Spencer* nicht gefolgt. Anderseits werden bei „Adularen" Werte um $2\,V$ bis hinunter zu 40^0 angegeben.

Ur. Chaisson erwähnt Adulare vom St. Gotthard mit $2\,V_\alpha$ zwischen 40^0 und 64^0 und *Osten* (60) hat in Adularen vom St. Gotthard $2\,V_\alpha = 66^0$ bis 69^0 und an solchen vom Bristenstock $2\,V_\alpha = 52^0$ gefunden.

Daraus ergibt sich, daß vom optischen Standpunkte aus die Abgrenzungen noch recht verschieden gehandhabt werden und das beruht im wesentlichen darauf, daß die Bezeichnungen Orthoklas, Adular und Sanidin meist nach äußeren morphologischen Merkmalen erfolgten. Die ursprüngliche Unterscheidung zwischen eigentlichem Orthoklas und Adular ist ja nach der Tracht erfolgt, was in unserem Falle außer Betracht fällt. Der üblichen Ausbildungsweise nach ist das Mineral der Tessiner Pegmatite als Orthoklas zu bezeichnen und es ist vielleicht auf die dem Orthoklas und dem Adular üblicherweise zugeschriebenen Achsenwinkel (siehe darüber *Spencer* loc. cit.) nicht allzu großes Gewicht zu legen. Stützt man sich besonders auf die an Adularen vom St. Gotthard ausgeführten Messungen, so sollten für Adular Werte zwischen 70^0 und 50^0 typisch sein, für Orthoklas eher kleinere. Ich habe zwar zur Seltenheit an den in Frage kommenden Orthoklasen der Tessiner Pegmatite auch $2\,V_\alpha$ kleiner als 60^0 gemessen, meistens zeigten sie aber $2\,V_\alpha$ um 80^0 bis 85^0, was auch mit den meisten Messungen an Adularen nicht mehr übereinstimmt. Über die Pulveraufnahmen kann man nicht viel aussagen, dies wegen der Ähnlichkeit der Röntgenogramme des Orthoklases im engeren Sinne und des Adulares, so daß die frühere Bemerkung, die Pulveraufnahmen der Orthoklasperthite der Tessiner Pegmatite würden im Vergleich mit den von *Osten* (60) veröffentlichten Diagrammen näher denjenigen des Adulars stehen, geringe Bedeutung hat. Neuerdings hat Prof. *E. Niggli* (Leiden) mir mitgeteilt, daß er unsere Proben Γ_1 und H_4 von Orthoklasperthiten mit solchen von Orthoklasen aus granitischen Gesteinen verglichen habe (Pulveraufnahmen), wobei er gleichfalls eine fast vollkommene Übereinstimmung fand. Wie man sieht, ist infolge der Ähnlichkeit der Strukturen die Frage von dieser Seite her betrachtet, nicht entscheidbar. Obgleich bis jetzt aus der Literatur Untersuchungen über das Auftreten trikliner Lamellen in monoklinen Kaliumfeldspäten hauptsächlich von Adularen bekannt gegeben wurde, bedeutete der Mangel an Beobachtungen an Orthoklas über eine allfällige Entwicklung trikliner Partien im Orthoklas natürlich nicht, daß das in Frage kommende Mineral Adular genannt werden müsse. Das Fehlen einer idiomorphen Kristalltracht der Kaliumfeldspäte der Tessiner Pegmatite und die Unsicherheit über die charakteristischen optischen Eigenschaften dessen, was man Orthoklase oder Adulare nennen will, lassen die Frage offen, ob man dieses Mineral den eigentlichen Orthoklasen oder den Adularen zuordnen soll, sofern man die Fragestellung nicht von einer ganz anderen Seite her anpackt (siehe Seite 228 ff.).

Zunächst jedoch noch einige Bemerkungen zu den Umwandlungen eines monoklinen Alkalifeldspates in Feldspat trikliner Symmetrie und zu der mit dieser Umwandlung oft verknüpften Gitterung. Schon früh hat man feststellen können, daß beim Adular manchmal eine Gitterung auftritt, wie es für den Mikroklin meistens der Fall ist, und daß es auch Fälle gibt, bei denen sich die Auslöschungsschiefe des triklinen Adulars den Auslöschungsschiefen des Mikroklines nähert. Trotzdem ist der trikline Adular nicht mit dem Mikroklin identifiziert worden, weil er in der Tat oft eine Übergangsstellung einnimmt (siehe auch S. 217 bis 220). *F. Laves* (47) meint jedoch, auf Grund struktureller Überlegungen, daß bei Zwillingsgitterung stets ein ursprünglich monokliner Feldspat vorgelegen habe. An den Orthoklasperthiten der Pegmatite des Tessins konnte manchmal festgestellt werden, daß gut gegitterte Bereiche größerer Auslöschungsschiefe auf der Fläche (001) des teilweise in trikline Symmetrie umgewandelten Orthoklases mit anderen Partien verbunden ist, die ganz feine oder mikroskopisch gar keine Gitterung erkennen lassen. In letzteren variieren die Auslöschungsschiefen und gehen auf (001) bis auf 0^0 hinunter. Man muß natürlich berücksichtigen, daß in ganz fein verzwillingten Partien die Messungen schwierig auszuführen und manchmal unmöglich sind. Betrachtet man die Sektoren mit Auslöschungsschiefe auf (001) um 15^0 (n'_α : a) oder größer als 15^0 als dem Mikroklin bereits sehr nahe verwandt, so muß man rein phänomenologisch annehmen, daß es zahlreiche Übergänge zwischen schwach triklinem Orthoklas und mikroklinartigem Feldspat gibt. In diesen Übergangsbezirken verändern sich die Größe der Auslöschungsschiefe und mehr oder weniger auch die Indikatrixeigenschaften. In allen Fällen aber scheint die Triklinisierung ein nachträglicher Akt zu sein, der langsam verläuft und bis zur Mikroklinisierung führen kann.

Die Frage ist nun, ob die Übergangsgebiete einheitlich triklinen, pseudomonoklinen, jedoch noch nicht mikroklinartigen Charakter aufweisen oder ob die Effekte eventuell durch Überlagerungserscheinungen bedingt sind, erzeugt durch ein sehr feines Gemisch mikroklinartiger neben noch monoklinen Partien. Es war ja besonders *Baier*, der nachwies, daß durch solche Phänomene für das optische Verhalten Sondereffekte entstehen können. Die für die Tessiner Pegmatite bis jetzt gültig erscheinende Beobachtung, daß gemessene kleinere Auslöschungsschiefen, als sie dem Mikroklin zukommen, nur da auftreten, wo noch optisch monoklin sich verhaltende Partien beobachtbar sind, also in unserem Sinne von Orthoklas gesprochen werden kann, der auch im Pulverdiagramm die Zuordnung zur Orthoklasgruppe erkennen läßt, ist nicht entscheidend, so lange die Empfindlichkeitsgrenze von Gemischen beider Strukturen für das röntgenometrische Pulverdiagramm unbekannt ist. In den Pegmatiten unseres Gebietes, die keine „Orthoklaspartien" enthalten, tritt unter Berücksichtigung der chemischen Variabilität stets normale Mikroklinoptik auf. Es gilt somit, daß in diesen Pegmatiten typische Mikrokline, teils vollkommen gegittert, und sehr komplexe orthoklasartige Gebilde auftreten, die deutlich nachträglich triklinisiert wurden, mit Partien, die auf Grund optischer Daten eine Übergangsstellung zwischen Orthoklas und Mikroklin (bis zu mikroklinartiger Optik) einnehmen. In diesen Sektoren treten Auslöschungsschiefen auf, wie sie auch bei triklinisiertem Adular beobachtet wurden. Vorläufig scheint folgende Arbeitshypothese zu keinen Widersprüchen zu führen:

1. Auch der typische Mikroklin der Tessiner Pegmatite ist ursprünglich in Form monokliner Kristalle gebildet worden. Er hat nachträglich, vielleicht schon während des fortschreitenden Kristallisationsvorganges der Pegmatitlösungen, eine *Mikroklinisierung* erfahren. Da wo diese Mikroklinisierung vollständig verlief, ist optisch und röntgenometrisch (Pulverdiagrammdiagnose) die Mineralvarietät Mikroklin feststellbar.

2. In manchen dieser Pegmatite treten aber noch Alkalifeldspäte auf, die wir *Orthoklas* und *Orthoklasperthite* genannt haben und die neben monoklinen Partien trikline Bereiche aufweisen, die ihrem optischen Verhalten nach zwischen Orthoklas und Mikroklin liegen. Wir nehmen an, daß es sich um *unvollständig mikroklinisierte Orthoklase* handelt, die röntgenographisch noch den Diagrammtypus des Orthoklases ergeben.

Diese Betrachtungen führen vermutungsweise zu folgenden Schlüssen:

1. Der Mikroklin ist die einzige stabile Tieftemperaturmodifikation der Kaliumfeldspäte. In diese Modifikation suchen sich die bei Hochtemperatur stabile Modifikation des Orthoklases und wahrscheinlich auch andere unter besonderen Bedingungen gebildete, aber nur metastabile monokline Modifikationen umzusetzen. Pflichtet man der Ansicht von *Laves (47)* bei, nach der diese Hoch-Tieftemperatur-

umwandlung eine Unordnungs-Ordnungsumwandlung der $SiO_{\frac{4}{2}}$-und $Al_{\frac{4}{2}}$-Gruppen im Gitter des Kaliumfeldspates darstellt, so wird verständlich, daß Umwandlungen des ursprünglichen monoklinen Kalifeldspates in Mikroklin als Endstadium verschieden weit fortschreiten können, je nach den Kristallisationsverhältnissen des zuerst gebildeten Kaliumfeldspates (Temperatur, Druck, Wachstumsgeschwindigkeit), und nach der Art der Abkühlung und den speziellen chemischen Verhältnissen. Höhere Temperatur der Bildung und langsame Abkühlung müssen die Erreichung des Endstadiums begünstigen. Dies scheint, wenigstens zum Teil, zuzutreffen. Die Adulare vom St. Gotthard, die bei relativ tiefer Temperatur entstanden sind und nie höhere Temperaturen durchlaufen haben, zeigen wohl teilweise Triklinisierung, aber die optischen Eigenschaften der triklinen Partien weichen zumeist von den optischen Eigenschaften des Mikroklines *(Chaisson, Laves, Osten)* noch stark ab. In den Pegmatiten des Tessins findet man in den trikline Symmetrie aufweisenden Partien des Orthoklases neben solchen, die bereits angenähert die Eigenschaften des Mikroklines besitzen, gleichfalls dem triklinen Adular ähnliche Bezirke, d. h. hier ist die Umwandlung monoklin/triklin weiter fortgeschritten als bei den Adularen des St. Gotthard, und zum Teil hat sie ihr Ziel ganz erreicht (Mikroklinbildung).

2. Die Umwandlung der Hochtemperaturmodifikationen der Kaliumfeldspäte nach Mikroklin muß sehr langsam vor sich gehen. Die Umwandlung monoklin/triklin erreicht nicht leicht ihr vollständiges Endstadium, den Mikroklin. Das kann die Bildung vieler intermediärer Zustände zur Folge haben.

Man hat oft erwähnt, daß die Umwandlung von der monoklinen zur triklinen Symmetrie mit den Störungszonen im Kristall verbunden zu sein scheint. Störungen im Kristallgitter können naturgemäß jede zu einem stabilen Zustand führende Umwandlung begünstigen; sie sind aber nach unserer Auffassung nicht die Ursache und der Grund der Umformung in die trikline Symmetrie. Das Bestreben der monoklinen Form, sich in die trikline umzusetzen, ist stets vorhanden, nur gibt es Faktoren, die diesen Prozeß begünstigen, und dazu sind auch die im Gitter vorhandenen oder nachträglich wirkenden verschiedenen Störungen zu zählen. Außerdem aber können Instabilitäten, die unter den gleichen Bedingungen zu Entmischungen führen würden, in diesem Sinne katalytische Effekte auslösen. Koppelungen von Erscheinungen dieser Art sind daher nicht selten zu beobachten, ohne daß es sich um strenge Korrelationen handelt.

Aus Diskussionen mit Herrn Prof. *P. Niggli* ergeben sich zur Zeit in Ergänzung der früheren (S. 199 bis 204 erwähnten) Ausführungen dieses Autors folgende Bemerkungen zur Nomenklaturfrage der Alkalifeldspäte.

1. Vorläufig ist noch allergrößte Vorsicht geboten, Erscheinungen, die sich auf verschiedene Untersuchungsmethoden gründen, miteinander zu korrelieren. Jede Methode hat, da es sich durchwegs um Effekte handelt, die statistischen Charakter besitzen, natürliche Grenzen ihrer Aussagefähigkeit. Das gilt für die strukturellen Untersuchungen im allgemeinen und für die zu praktischen Zwecken so brauchbaren röntgenographischen Untersuchungen der Kristallpulver. Aber es gilt nicht minder für die polarisationsmikroskopischen und die analytisch-chemischen Daten.

2. Wir wissen, daß für alle so bestimmbaren Effekte die Temperaturverhältnisse, die Vorgeschichte des Minerales, allgemeine und lokalbedingte Atomverteilungen und Abweichungen vom Kristallidealbau von Bedeutung sein können. Die Variationsmöglichkeiten sind viel größer, als üblicherweise dargestellt wird. Das gilt auch für den Grad der Ordnung oder Unordnung diadocher Atome, wobei man übrigens nicht nur die Si-Al-Diadochie, sondern auch die Kationendiadochie zu berücksichtigen hat. Auch darf nie vergessen werden, daß der Deformationsgrad einer Gesamtstruktur vom Gesamtchemismus abhängig ist, daß es z. B. durchaus denkbar ist, daß praktisch reine Kaliumfeldspäte oder praktisch reine Natriumfeldspäte viel leichter höhere Symmetrie oder doch Pseudosymmetrie bewahren können als Alkalifeldspatmischkristalle. Wir brauchen hiebei ja nur an die Augithornblendegruppen zu denken, in denen gleichfalls bei einfacher (z. B. Mg-reicher) Zusammensetzung Symmetrien auftreten, die bei komplexen Mischkristallen nie verwirklicht sind.

3. Um Verwirrungen zu vermeiden, sollte man daran festhalten, daß Begriffe wie *Adular, Sanidin, Rhombenfeldspäte* usw. auf rein phänomenologisch-morphologische Kennzeichen abstellen. Man kann diese Namen nicht auf Bereiche bestimmter optischer Daten oder bestimmter Struktureffekte übertragen, sonst wird man immer wieder feststellen, daß vom Sammler mit Recht als Adular oder Sanidin bezeichnete Kristalle außerhalb dieser Bereiche fallen. Vorerst sind immer noch chemische, optische und strukturelle Klassifikation streng auseinanderzuhalten.

Für die normalen *Alkalifeldspäte* (ohne die Ca-reicheren Oligoklase, die oft Rhombenfeldspatausbildung besitzen) genügt in erster Stufe die Gliederung in Kaliumfeldspäte, Na-Kaliumfeldspäte, K-Natriumfeldspäte, Natriumfeldspäte, die jederzeit durch das Or/Ab-Verhältnis präzisiert werden kann.

Optisch zerfallen die Alkalifeldspäte in eine *monokline* und in eine *trikline* Gruppe.

Die Grundbezeichnung für die monokline Gruppe soll (abgesehen von fraglichem monoklinem Natriumfeldspat) *Orthoklas* bleiben, bei Na-Vormacht Na-Orthoklas. Die Namen Sanidin, Na-Sanidin und Adular sind auf rein phänomenologisch-genetische Kennzeichen sich beziehende Unterbegriffe, die nur gebraucht werden sollen, wenn diese Kennzeichen beobachtbar sind. Dem speziellen optischen Verhalten nach soll man unterscheiden zwischen Orthoklasen mit *normalsymmetrischer* und *parallelsymmetrischer Achsenlage,* mit *großem* und *kleinem Achsenwinkel,* von *negativem* (und eventuell *positivem)* optischem Charakter. Daß gewisse dieser Eigenschaften bei Sanidin oder Adular besonders häufig sind, darf höchstens als Regel, nie aber als streng gültige Charakteristik angesehen werden. Deshalb sollten auch Bezeichnungen wie Adularoptik, Sanidinoptik wieder verschwinden.

Unter den triklinen *Alkalifeldspäten* ist neben *Albiten* niedriger Temperatur die *Mikroklingruppe* relativ gut definiert, umfassend auch den Na-Mikroklin. Bis jetzt scheint es, daß alle Nichtmikrokline unter den triklinen Alkalifeldspäten optisch pseudomonokliner sind als der Mikroklin. Man könnte sie *Anorthoklase* nennen, wenn dieser Begriff nicht schon verwendet worden wäre. Es scheint allerdings, daß, abgesehen von den meist damit verbunden gedachten chemischen Verhältnissen, die bisher als Anorthoklase bezeichneten Mineralien dieser Definition entsprechen und daß der seinerzeit gut definierte sogenannte Hochtemperatur-Albit wenigstens kristallographisch verwandt ist. Um alle Mißverständnisse zu vermeiden, könnte man die meisten triklinen Adulare *K-Anorthoklase,* die triklinen Partien der Tessinerorthoklase *K-* oder *Na-K-Anorthoklase* nennen. Jetzt schon von zwei verschiedenen Modifikationen und nicht nur von Varietäten zu sprechen, scheint unzweckmäßig zu sein.

Doch soll dieser Vorschlag noch kein definitiver sein. Wo es sich um unzweifelhaft nachträglich triklinisierte Orthoklase handelt, genügt die Angabe „triklinisiert", die durch „mikroklinisiert" ersetzt werden kann, sofern normaler Mikroklin entstanden ist. Auch bei den triklinen Alkalifeldspäten gibt es pseudonormalsymmetrische und pseudoparallelsymmetrische Optik mit ihren Übergängen.

Über eine selbständige strukturelle Gliederung der Alkalifeldspäte läßt sich heute noch wenig aussagen. Die Typen von *Osten-Niggli* der Pulverdiagrammdiagnostik sind sehr wichtige Bestimmungstypen, ohne den Anspruch zu erheben, mehr als das zu sein. Ähnliches gilt für die Gliederung von *Laves* in zwei trikline „Modifikationen" mit γ wenig größer 90^0 und γ um $92^1/_2{}^0$. Ohne Beweise darf auch heute noch nicht nach dem Grad der Ordnung und Nichtordnung diadocher Atomarten unterschieden werden. Die Be-

griffe Nieder- und Hochtemperatur-Alkalifeldspäte sind gleichfalls
zur Zeit nur da anzuwenden, wo experimentell die Umwandlung
sichergestellt ist. Es ist noch verfrüht, Gesetzmäßigkeiten dieser Art
zu verallgemeinern.

B. Die Plagioklase.

Neben den Kalifeldspäten kommen immer auch Plagioklase vor
und in den sogenannten Plagioklaspegmatiten bilden sie mit dem
Quarz zusammen den größten Teil der Mineralbestände. Meist sind
die Plagioklase frisch oder nur zum Teil sericitisiert; seltener trifft
man als Umwandlungsprodukt auch Epidot-Zoisit, Calcit, Albit
und Zeolith.

1. Die optische Untersuchung.

Die Bestimmung des An-Gehaltes wurde mit dem U-Tisch, unter
Benützung der Kurvendiagramme von *Reinhard* (64) und *Van der
Kaaden* (85), und zum Teil mit anderen gewöhnlichen optischen
Methoden durchgeführt, was eine Abschätzung über die Bestimm-
barkeit und Fehlerbereiche des An-Gehaltes ermöglichte. Wo es die
Orientierung der Schnitte erlaubte, wurden auch die Winkel 2 V
mit dem U-Tisch bestimmt, um die aus der Orientierung der Indikatrix einerseits und der Größe der Winkel 2 V anderseits erhaltenen
Resultate (An%) untereinander vergleichen zu können. Schließlich
wurden auch an einigen Pulvern röntgenographische Untersuchungen durchgeführt.

Die Resultate der Plagioklasbestimmungen für einige repräsen-
tative Vorkommen aus jedem Gebiet sind in der Tab. 6 zusammengestellt. In den Fällen, wo die Bestimmung des Winkels 2 V möglich
war, sind zum Vergleich der Resultate auch diese Messungen angegeben.

Wie aus dieser Tabelle zu ersehen ist, sind die in den Pegmatiten
des Tessins vorkommenden Plagioklase Albite, Albitoligoklase und
Oligoklase. Nur in einzelnen Fällen geht der An-Gehalt über 30%
und deshalb liegt nur in wenigen Vorkommen ein Andesin vor.
Häufig ist ein An-Gehalt zwischen 10% bis 15% zu finden oder
es sind Plagioklase mit 16 bis 22 An% vorhanden. In den Fällen,
wo der Plagioklas als „Zwischenkorn", das heißt als feinkörnige
Masse zwischen großen Alkalifeldspatkristallen oder Kristallen an-
derer Mineralarten auftritt, ist er immer sauer. In den reinen Plagioklaspegmatiten ist der Plagioklas basischer Oligoklas bis Andesin
und man trifft dabei keinen Kaliumfeldspat oder nur geringe Spuren
von ihm. Obwohl man keine sichere Daten über die Altersbeziehun-

Tab. 6. *An-Gehalt der Plagioklase der Tessiner Pegmatite.*

Nr.	Gemessen 2 V	An % alle Zahlen Molekularprozente						Auslöschungsschiefe gegenüber (010) auf Fläche $\perp n\alpha$	Auslöschungsschiefe gegenüber (010) auf Fläche $\perp n\gamma$	Auslöschungsschiefe auf (010)	Begleitmineralien neben Quarz ± Alkalifeldspat und Akzessorien
		aus 2 V	aus der Lage der Indikatrix (Kurven von Reinhard und van der Kaaden)	aus der chemischen Analyse	aus Auslöschung auf (010)	aus Auslöschungsschiefe gegenüber (010) auf Fläche $\perp n\alpha$	aus Auslöschungsschiefe gegenüber (010) auf Fläche $\perp n\gamma$				
	+89°	16,5	12								
	−89°	18	16								
A_1	90°	17,5	14								Musc. Gran.
und	−88°	19	12			11—20		$-10\frac{1}{2}°$			Sillim. Biot.
A_2	+88°	15,5	15					$-0°$			(selten)
	+86°	14	17,5								
	+83°	11,5	13		10					+14°	Musc. Sillim.
A_3	+82°	11	10								Turm. Biot.
	+82°	11	15			12		$-9\frac{1}{2}°$			
A_4				33,2							Biot. Musc.
	+84°	13	13								
A_6	+82°	11	11								Musc. Sillim.
	+88°	15,5	16			15		$-6°$			
A_{17}			22,5								Biot. Musc.
	+85°	13,5	11 od. 15								Musc. Biot
B_1	90°	17,5	11								Gran.
	90°	17,5	11								
	+83°	11,5	12								
B_2	90°	17,5	11,5								Musc. Biot.
	+84°	13	12								
	90°	17,5	5								
B_7	+86°	14	10								Biot. Musc.
	+84°	13	8								
	90°	17,5	10								
	90°	17,5	11								
	+89°	16,5	13								
Γ_2	90°	17,5	12,5								Musc. Biot.
	+88°	15,5	13								
	+84°	13	14			16		$-3\frac{1}{2}°$			
			12			16,5		$-4°$			

Tab. 6. *(Fortsetzung.)*

Nr.	Gemessen 2 V	aus 2 V	aus der Lage der Indikatrix (Kurven von Reinhard und der Kaaden)	aus der chemischen Analyse	aus Auslöschung auf (010)	aus Auslöschungsschiefe gegenüber (010) auf Fläche $\perp$ nα	aus Auslöschungsschiefe gegenüber (010) auf Fläche $\perp$ nγ	Auslöschungsschiefe gegenüber (010) auf Fläche $\perp$ nα	Auslöschungsschiefe gegenüber (010) auf Fläche $\perp$ nγ	Auslöschungsschiefe auf (010)	Begleitmineralien neben Quarz $\pm$ Alkalifeldspat und Akzessorien
			An % alle Zahlen Molekularprozente								
Γ3						5,5—10		$-15°$ b. $-11°$			Musc. Biot.
Δ1						13—15		$-8°$ bis $-6°$			Musc. Biot.
Δ2						10		$-12°$			Biot. Musc.
Δ6	$+84°$	13	10								
	$+82°$	11	6								
	$+82°$	11	10			15,5		$-5°$			
	$+82°$	11	8								Musc. Biot.
	$+82°$	11	11								
	$+86°$	14	10								
			6—16								
Δ7	$+87°$	15	8								
	$+87°$	15	14								
	$-88°$	19	13								Musc.
			11								
Δ8	$-85°$	21,5	20			22		$+3°$			
	$-82°$	26,5	22			22,5		$+4\frac{1}{2}°$			Biot. Musc.
	$-84°$	23	22			22		$+3°$			
E3	$+80°$	46	28			29		$+16°$			
	$+80°$	46	27								Musc. Gran.
	$+86°$	41	30								
E7	$-87°$	19,5	15 od. 19			15		$-6°$			
	$-89°$	18	16								Musc. Biot.
E10	$+88°$	39,5	32								Musc. Biot.
			30—34								
E11	$-84°$	23	22								
	$-88°$	19	18 od. 22			12		$-9\frac{1}{2}°$			Musc. Biot. Gran.
	$+84°$	13	16								
	$+83°$	11,5	11								

Tab. 6. *(Fortsetzung.)*

Nr.	Gemessen 2 V	aus 2 V	aus der Lage der Indikatrix (Kurven von Reinhard und van der Kaaden)	aus der chemischen Analyse	aus Auslöschung auf (010)	aus Auslöschungsschiefe gegenüber (010) auf Fläche $\perp n\alpha$	aus Auslöschungsschiefe gegenüber (010) auf Fläche $\perp n\gamma$	Auslöschungsschiefe gegenüber (010) auf Fläche $\perp n\alpha$	Auslöschungsschiefe gegenüber (010) auf Fläche $\perp n\gamma$	Auslöschungsschiefe auf (010)	Begleitmineralien neben Quarz ± Alkalifeldspat und Akzessorien
		An % alle Zahlen Molekularprozente									
Z_4			16—18								Biot. Musc. Gran.
Z_5	−87°	19,5	13								Biot. Musc. Turm.
	90°	17,5	16								
	90°	17,5	13								
H_2	+88°	19	12								Musc. Gran. Biot.
	+84°	13	14								
			12—15								
II_5	+77°	3	2								Musc. Gran. Turm.
	+78°	5	2								
			2—8								
Θ_1	−85°	21,5	22								Musc. Biot.
			20—23								
Θ_2			28								Biot. Musc.
Θ_4	90°	17,5	23								Biot.
	−82°	26,5	28								
Θ_5	−84°	23	22								Musc. Biot.
	90°	17,5	26		20		0°				
Θ_6					14		−7°				Biot. Musc.
Θ_7			25—31			12		−4°			Biot. Musc.
Θ_8				13,2							Biot.

A = Verbano

B
Γ } = Palagnedra
Δ

E = Corcapolo

Z = Ponte Brolla

H = Brissago

ϑ_1 = Pianezzo (Bellinzona)

Θ_2 = Palladrume (Ronco)

Θ_4 = Cevio (Maggiatal)

Θ_5 = Collino

Θ_6 = Verzasca

Θ_7 = Merela

Θ_8 = Onsernone

gen der reinen Plagioklaspegmatite gegenüber den übrigen, in ihrer Zusammensetzung auch Kaliumfeldspat aufweisenden Pegmatite hat feststellen können, scheinen die Plagioklaspegmatite älter, das heißt in früheren Stadien der Injektion entstanden zu sein. In Verbano habe ich beobachtet, daß eine ziemlich intensive Verwitterung bei diesen Pegmatiten eingesetzt hat.

Die optischen Eigenschaften des Albites stimmen mit den von O. *Tuttle* und N. *Bowen* (83) angegebenen Daten für den Tieftemperatur-Albit überein.

Hinsichtlich der Winkel der optischen Achsen sieht man aus der Tab. 6 einige Diskrepanzen zwischen dem An-Gehalt, den man aus der Orientierung der Indikatrix, und demjenigen, den man aus den Achsenwinkeln erhält. Man hat schon früh bemerkt, daß unter anderem kleine Mengen von K_2O im Plagioklas einen beträchtlichen Einfluß auf die Größe des Achsenwinkels ausüben. Die untersuchten Plagioklase enthalten eine nicht zu vernachlässigende Menge von K_2O. In der Tab. 7 sind die chemischen Analysen zweier Plagioklase und die Alkalibestimmung eines dritten zusammengestellt.

Tab. 7. *Chemische Analysen und Ab-, An-, Or-Zusammensetzung zweier Plagioklase und Alkalibestimmung eines dritten Plagioklases.*

Nr.	SiO_2	Al_2O_3	CaO	Na_2O	K_2O	Summe	Ab mol %	An mol %	Or mol %
A4	58,58	25,84	7,28	7,62	0,66	99,98	63,2	33,2	3,6
Θ8	63,81	21,46	3,02	9,84	1,75	99,88	77,6	13,2	9,2
Δ7				9,98	0.49				

Analytiker: *J. Jakob* (Zürich).

Ich halte es für sehr wahrscheinlich, daß mindestens ein Teil des in den Plagioklasen vorhandenen K_2O von den verdrängten Alkali-

Tab. 8. *Abweichungen von den*

	I	II	III	IV	V	VI
Überschuß oder Defizit an Al_2O_3 in Gew.-%	− 0,07	+ 1,64	+ 1,03	+ 1,01	+ 1,33	+ 0,68
Überschuß oder Defizit an SiO_2 in Gew -%	− 0,14	+ 3,12	+ 3,09	+ 0,66	− 0,11	+ 0,16
Fe_2O_3	—	0.15	0,26	0,33	—	—
FeO	—	0,22	—	0,09	—	—
MgO bestimmte Neben-	—	—	0,28	—	—	—
TiO_2 substanzen	—	—	—	—	—	—
H_2O+	—	} 0,12	0,23	0,13	0,19	0,09
H_2O-	—					

feldspäten stammt, denn die Verdrängung der Alkalifeldspäte durch die Plagioklase ist ein sehr verbreitetes Phänomen und nichts spricht dagegen, daß das hierbei ausgeschiedene K_2O zum Teil von den die Verdrängung hervorrufenden Plagioklasen aufgenommen werden kann.

Bei dieser Gelegenheit will ich eine Tatsache erwähnen, die man sehr oft beobachtet hat: Daß nämlich die aus der Analyse bestimmten Mengen des SiO_2 und Al_2O_3 nicht genügen, um die Alkalien und CaO zur Bildung Or, Ab und An abzusättigen. Das Defizit ist größer für SiO_2 als für Al_2O_3. Prof. *Niggli* hat mir gestattet, aus den Druckbogen seiner Mineralogie III folgende von ihm bezeichnete Tabelle wiederzugeben.

In dieser Tabelle sind aus CaO, Na_2O und K_2O die zur An-, Ab- und Or-Bildung notwendigen Mengen Al_2O_3 und SiO_2 berechnet und mit den von den Analytikern gegebenen Werten der Tab. 9, die zugleich Fundorte und optische Daten enthält, verglichen worden.

Auch die in der Tab. 7 gegebenen prozentualen Werte von Ab, An und Or wurden auf Grund der Verhältnisse der Alkalien und CaO zueinander berechnet, ohne Rücksicht auf den SiO_2- und Al_2O_3-Gehalt.

2. Röntgenographische Untersuchung an Plagioklaspulvern.

Von einigen Plagioklasen sind auch röntgenometrische Pulveraufnahmen durchgeführt und nach den Diagrammen von *F. Claisse* (17) ausgewertet worden. Es wurden auch hier Fe-K-Strahlung und eine Debye-Scherrer-Kamera von 114,4 mm angewendet. Wie aus der Arbeit von *F. Claisse* ersichtlich ist, sind für die Bestimmung des An%-Gehaltes zwei Gruppen von Linien brauchbar, wobei in

Idealzusammensetzungen von Plagioklasen in Tab. 9.

VII	VIII	IX	X	XI	XII	XIII	XIV	XV	XVI
+ 0,27	+ 0,60	— 0,63	+ 0,49	0,89	+ 0,44	+ 0,33	+ 1,42	+ 0,17	— 2,19
— 1,51	+ 0,74	+ 1,65	— 0,43	+ 0,39	+ 1,58	+ 1,68	+ 4,14	— 0,21	— 3,33
—	0,08	0,54	0,50	1,22	0,29	0,84	0,40	—	0,61
—	—	—	0,51	—	—	—	—	—	—
—	—	Sp.	—	—	—	—	—	—	0,19
—	—	—	—	0,07	0,17	—	—	—	—
—	0,10	} 0,09	0,33	0,01	0,08	0,08	·0,36	1,21	} 0,24
—	—		0,12	—	—	—	—	—	

der ersten Gruppe eine stärkere Linie zwischen zwei schwächeren und in der zweiten Gruppe eine schwächere zwischen zwei stärkeren liegt. Die Lage der Linien für die ganze Serie der Plagioklase ist, nach *F. Claisse*, in der Tab. 10 zusammengefaßt. Die zwei wichtigsten Liniengruppen sind in der Abb. 10 mit e und f bezeichnet.

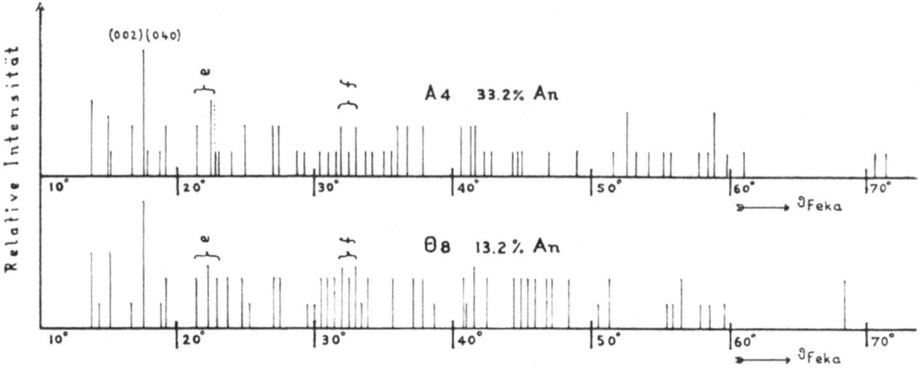

Abb. 10. Diagramm der ϑFe-Kα-Werte eines Andesines mit 33,2% An (A$_4$) und eines Albit-oligoklases mit 13,2% An (Θ_8).

Die Resultate der röntgenographischen Bestimmung der *An*-Prozente einiger Plagioklase, darunter der zwei chemisch analysierten, sind in Tab. 11 zusammengefaßt. Die Diagramme von *F. Claisse* sind für Cu-K$_\beta$-Strahlung konstruiert und deshalb wurden die

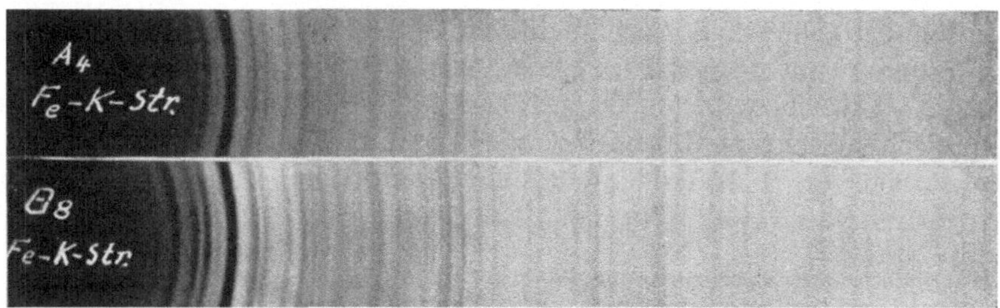

Abb. 11. Pulveraufnahmen der Plagioklase A$_4$ (33,2% An) und Θ_8 (13,2% An). Fe-K-Strahlung Kameradurchmesser 114,4 mm.

$2\vartheta_{Fe-K\alpha}$-Werte für die erste Gruppe durch 1/1,31 und für die zweite Gruppe durch 1/1,35 dividiert, um einen Vergleich mit der Cu-K$_\alpha$-Strahlung zu ermöglichen (17).

Bestimmungen nach der Kurve 5—6 von *Claisse* sind meist wenig zuverlässig, weil die Kurve sehr flach verläuft und ein Unterschied der *An*-Prozente für wenig voneinander abweichende $2\vartheta_{Fe-K\alpha}$-Werte kaum bemerkbar ist; das gleiche gilt auch für den Teil der Kurve 4—5, der den basischen Plagioklasen entspricht. Für

Tab. 9. *Plagioklase (An, Ab, Or, äquivalent-prozentisch berechnet aus Ca : Na : K).*

	I	II	III	IV	V	VI	VII	VIII	IX	X	XI	XII	XIII	XIV	XV	XVI
SiO_2	68,80	68,14	67,86	66,16	65,62	64,92	64,75	62,60	59,98	59,82	55,24	54,60	52,96	52,33	49,14	43,42
Al_2O_3	19,43	20,14	19,85	21,38	21,72	22,20	22,25	23,52	24,67	25,00	27,61	28,65	29,72	30,22	32,72	35,19
Fe_2O_3	—	0,15	0,26	0,33	—	—	—	0,08	0,54	0,50	1,22	0,29	0,84	0,40	—	0,61
FeO	—	0,22	—	0,09	—	—	—	—	—	0,51	—	—	—	—	—	—
MgO	—	—	0,28	—	—	—	—	—	Sp.	—	—	—	—	—	—	0,19
CaO	0,00	0,09	0,41	1,14	1,48	2,64	2,67	4,47	7,26	6,16	10,70	10,91	12,28	12,52	15,34	19,96
Na_2O	11,86	10,94	10,54	10,43	10,54	9,72	10,17	8,62	7,36	7,51	5,40	4,62	4,21	3,62	2,82	0,40
K_2O	0,00	0,32	0,69	0,64	0,34	0,68	0,37	0,56	—	0,89	0,14	0,73	0,13	0,85	0,03	0,40
TiO_2	—	—	—	—	—	—	—	—	—	—	0,07	0,17	—	—	—	—
H_2O+	—	} 0,12	0,23	0,13	0,19	0,09		0,10	} 0,09	0,33	0,01	} 0,08	0,08	0,36	0,21	} 0,24
H_2O-	—									0,12						
	100,09	100,12	100,12	100,30	99,89	100,25	100,21	99,95	99,90	100,84	100,39	100,05	100,22	100,30	100,26	100,31
spez. Gewicht	2,626	2,624	2,625	2,637	2,635	2,637	2,639	2,644	2,673	2,666	2,712	2,699	2,705	2,706	2,719	2,763
für $N\alpha$-Licht																
$n\alpha$	1,528	1,529	1,529	1,531	1,532	1,534	1,534	1,539	1,545	1,544	1,555	1,555	1,560	1,563	1,568	1,575
$n\beta$	1,532	1,533	1,532	1,535	1,536	1,538	1,538	1,543	1,548	1,549	1,560	1,559	1,565	1,566	1,573	1,583
$n\gamma$	1,539	1,539	1,538	1,541	1,543	1,544	1,543	1,546	1,552	1,552	1,564	1,563	1,570	1,571	1,578	1,588
Auslöschungsschiefe auf																
001	+3½°	+3	+3°	+3°	+3½°	+3½°	+2°	+1°	0°	0°	−6°	−6°	−11°	−11°	−19°	−39°
010	+20°	+19°	+19½°	+16°	+15°	+12½°	±13°	+7½°	+6 bis −2°	−½°	−18°	−20°	−23½°	−23°	−30°	−37½°
Äquivalent %																
An	0,00	0,4	2,0	5,5	7,1	12,6	12,4	21,6	35,3	29,6	51,9	54,2	61,2	62,4	74,9	94,3
Ab	100,00	97,7	94,0	90,8	91,0	83,6	85,6	75,2	64,7	65,3	47,3	41,5	38,0	32,6	24,9	3,4
Or	0,00	1,9	4,0	3,7	1,9	3,8	2,0	3,2	?	5,1	0,8	4,3	0,8	5,0	0,2	2,3

I. Albit, Grönland
II. Albit, Rischuna (Schweiz)
III. K-Albit, Amelia Co. Va., U. S. A.
IV. K-Albit, Monteagle Township, Ont. Canada
V. Albit, Villeneuve, Quebec, Canada
VI. Oligoklas, kaliführ., Monteagle Valey, Hastings Co, Ont. Canada
VII. Oligoklas, kaliführend, Soboth
VIII. Oligoklas, kaliführend, Bakersville, N. C., U. S. A.
IX. Andesin bis Oligoklasandesin, z. T. kaliführend, Holenstein, Kremstal, Österreich

X. Andesin bis Oligoklasandesin, z. T. kaliführend, Bodenmais, Bayern
XI. Labrador, Hawkes Harbour, Labrador
XII. Labrador, Tamatare, Madagaskar
XIII. Labrador, Millard Co, Utah, U. S. A.
XIV. Labrador, County Down, Irland
XV. Bytownit, Crystal Bay, Minnesota, U. S. A.
XVI. Anorthit, Vesuv, Italien

Tab. 10. *Lage der von F. Claisse für die Bestimmung der Plagioklase (ganze Serie) verwendeten Linien.*

Gruppe	Linie	D-Werte in K_x	ϑFe-Kα-Werte
I	1	2,64	21° 24'
	2	2,55 — 2,49	22° 12' — 22° 48'
	3	2,51 — 2,44	22° 36' — 23° 18'
II	4	1,83 — 1,82	31° 42' — 32° 00'
	5	1,79	32° 30' — 32° 36'
	6	1,78 — 1,76	32° 42' — 33° 12'

Plagioklase mit An zwischen zirka 28% und 45% (Unterbruch der Kurven), können die Kurven der Gruppe II und die Kurve 1—2 und zum Teil die Kurve 2—3 der Gruppe I zu falschen Resultaten führen. Immerhin besteht unter Benützung mehrerer Kurven die Möglichkeit, die Resultate der verschiedenen Kurven miteinander zu vergleichen und so die richtigen Werte herauszufinden. So sieht man aus Tab. 11, daß bei den so untersuchten Plagioklasen die Übereinstimmung mit *An*-Bestimmungen nach anderen Methoden recht gut ist. In der Tab. 12 sind die $\vartheta_{\text{Fe-K}\alpha}$ und die d-Werte (nur die α-Linien) der zwei auch chemisch analysierten Plagioklase mit 33,2 und 13,2 A% zusammengefaßt. Die entsprechenden Diagramme der $\vartheta_{\text{Fe-K}\alpha}$-Werte und der relativen Intensitäten sind in der Abb. 10 und die Pulveraufnahmen in der Abb. 11 dargestellt. Der sehr starke Reflex [(002)(040)] hat einen um einige Minuten größeren ϑ-Wert als bei den Kaliumfeldspäten.

C. Myrmekitbildung und andere durch das Zusammentreffen K-Feldspat-Plagioklas verursachte Phänomene.

Es wird hier nicht eingehend auf die verschiedenen an der Phasengrenze von Kaliumfeldspat und Plagioklas beobachtbaren Phänomene eingetreten. Nur einige Beispiele sollen als Beitrag zu der vom genetischen Standpunkt aus umstrittenen Frage der Myrmekitbildung erwähnt werden.

Vorher erscheint es notwendig, einige neuerdings geäußerte Ansichten zusammenzustellen. Dazu zitierten wir aus der Arbeit von *F. Drescher-Kaden*, in der das Feldspat-Quarz-Reaktionsgefüge eingehend diskutiert wurde (24, S. 104):

„1. Der Myrmekit ist genetisch immer an Kaliumfeldspat gebunden.

2. Er tritt als prämikrokliner und postmikrokliner Myrmekit I und II auf. In der ersten Form besteht er aus korrodierten Plagioklasen, die ringsum eingebettet zumeist in den Randzonen der Kali-

Tab. 11. *Röntgenographisch bestimmte Plagioklase.*

Nr.	Gruppen	Linien	Differ. 2ϑFe-Kα	$\dfrac{2\vartheta\text{Fe-K}\alpha}{1{,}31}$ I. Gruppe $\dfrac{2\vartheta\text{Fe-K}\alpha}{1{,}35}$ II. Gruppe	An % aus Linien	An % aus Gruppe (Durchn.)	An % aus Gruppen I—II (Durchn.)	An % aus opt. Meth. (Durchn.)	An % aus chem. Analyse	
A₃	I	1—2	1º 38'	1º 14,8'	14			12		Verbano
		2—3	1º 48'	1º 22,4,	12	12,8				
		1—3	3º 26'	2º 37,2'	12,5					
A₄	I	1—2	1º 56'	1º 28,5'	26,5				33,2	Verbano
		2—3	0º 52'	0º 30,6'	32,5	29,5				
		1—3	2º 48'	2º 8,2'	—		30,0			
	II	4—5	1º 12'	0º 53,3'	29					
		5—6	0º 52'	0º 38,5'	—	30,5				
		4—6	2º 04'	1º 32,5'	32					
A₁₇	I	1—2	1º 52'	1º 25,4'	24			22,5		Verbano
		2—3	1º 20'	1º 01'	22,2	22,5				
		1—3	3º 12'	2º 26,5'	21,5		22,0			
	II	4—5	1º 08'	0º 50,3'	21					
		5—6	0º 50'	0º 37'	—	21,5				
		4—6	1º 58'	1º 27,4'	22					
B₇	I	1—2	1º 26'	1º 5,6'	4,5			8		Palag-nedra
		2—3	2º 04'	1º 34,6'	7,5	7,5				
		1—3	3º 30'	2º 40,3'	10,5					
Θ₂	II	4—5	1º 14'	0º 54,8'	28,1			28		Paladrume b. Ronco
		5—6	1º 00'	0º 44,4'	—	28,1				
		4—6	2º 14'	1º 39,2'	—					
Θ₇	I	1—2	1º 42'	1º 17,8'	15,5				13,2	Onsernone
		2—3	1º 30'	1º 08,7'	—	16,5				
		1—3	3º 12'	2º 26,5'	17,5		14,8			
	II	4—5	1º 00'	0º 44,4'	10,5					
		5—6	0º 48'	0º 35,5'	—	13,2				
		4—6	1º 48'	1º 20'	16					

feldspäte liegen, in der zweiten aus einem Albitkorngefüge, das auf Unstetigkeitsflächen in den Kalifeldspat einwandert und überwiegend schlecht ausgebildete, häufig lang gezogen tropfenförmige Quarzstengel im Innern enthält.

3. Die gemeinsame Entstehungsursache der Myrmekitformen I und II ist in den die Komponenten des Kalifeldspates enthaltenden Lösungen zu suchen. Beim Typ I treten diese als unmittelbare Vor-

Tab. 12. *Pulverdiagramme zweier Plagioklase. Fe-K-Strahlung, Kameradurch-*
messer 114,4 mm, ϑ-Werte mit NaCl-Eichung korrigiert.

Plagioklas A_4: 33,2% An Verbano

Intens.	$\vartheta_{FeK\alpha}$	D (Kx)	
m	13° 45'	4,64	
m-s	14° 58'	3,74	
ss	15° 8'	3,70	
s	16° 45'	3,35	
s. st	17° 33'	3,20	(002)(040)
ss	17° 59'	3,15	
ss	18° 47'	2,99	
s	19° 17'	2,92	
s	21° 27'	2,64	
m	22° 25'	2,53	} Gr. I
ss	22° 51'	2,49	
ss	23° 5'	2,46	
ss	23° 54'	2,38	
s	24° 59'	2,29	
s	27° 3'	2,36	
s	27° 21'	2,104	
ss	28° 44'	2,009	
ss	29° 22'	1,970	
ss	30° 25'	1,908	
ss	30° 59'	1,877	
ss	31° 36'	1,844	
s	32° 0'	1,823	
ss	32° 36'	1,793	} Gr. II
s	33° 2'	1,772	
ss	33° 47'	1,737	
ss	34° 18'	1,714	
ss	35° 10'	1,677	
ss	35° 44'	1,654	
s	36° 12'	1,636	
s	36° 50'	1,612	
s	38° 3'	1,568	
s	40° 34'	1,486	
s	41° 19'	1,463	
s	41° 46'	1,450	
ss	42° 16'	1,436	
ss	42° 49'	1,422	
ss	44° 28'	1,379	
ss	44° 47'	1,371	

Plagioklas Θ_8: 13,2% An Onsernone

Intens.	$\vartheta_{FeK\alpha}$	D (Kx)	
m	13° 49'	4,04	
ss	14° 22'	3,89	
m	15° 12'	3,68	
ss	16° 39'	3,37	
s. st	17° 37'	3,19	(002)(040)
ss	18° 53'	2,98	
s	19° 16'	2,93	
s	21° 28'	2,64	
s-m	22° 19'	2,54	} Gr. I
s	23° 4'	2,46	
s	23° 43'	2,40	br
s	24° 43'	2,31	
ss	25° 18'	2,26	
s	26° 59'	2,13	
s	27° 29'	2,093	
ss	29° 30'	1,962	
ss	30° 0'	1,932	
s	30° 28'	1,905	
s	30° 57'	1,879	
s	31° 30'	1,849	
s-m	32° 0'	1,823	
s	32° 30'	1,798	} Gr. II
s-m	32° 54'	1,779	
ss	33° 29'	1,751	
s	34° 1'	1,727	
s	35° 43'	1,655	
s	37° 13'	1,597	
s	37° 56'	1,572	
ss	38° 59'	1,536	
s	40° 49'	1,478	br
ss	41° 6'	1,470	
s-m	41° 36'	1,455	
s	42° 37'	1,427	
s	44° 29'	1,379	

Plagioklas A_4: 33,2% An Verbano				Plagioklas Θ_6: 13,2% An Onsernone		
Intens.	$\vartheta_{FeK\alpha}$	D (Kx)		Intens.	$\vartheta_{FeK\alpha}$	D (Kx)
ss	45° 5'	1,364		s	44° 55'	1,368
				s	45° 30'	1,355
				s	46° 2'	1,342
				s	46° 48'	1,325
ss	47° 4'	1,320		s	47° 10'	1,317
ss	49° 3'	1,279		s	49° 3'	1,279
				ss	50° 31'	1,252
ss	51° 36'	1,233		s	51° 15'	1,239
m-s	52° 36'	1,216				
ss	53° 7'	1,208				
ss	54° 13'	1,191				
ss	55° 4'	1,178		ss	55° 24'	1,174
ss	55° 43'	1,169		ss	55° 52'	1,167
				s	56° 27'	1,160
ss	57° 45'	1,142		ss	57° 50'	1,141
ss	58° 24'	1,134		ss	58° 32'	1,132
m-s	58° 50'	1,129				
ss	59° 45'	1,119		ss	59° 34'	1,120
ss	61° 0'	1,105				
				s	68° 27'	1,039
ss	70° 42'	1,024				
ss	71° 30'	1,019				

s. st = sehr stark
m = mäßig stark
s = schwach
ss = sehr schwach
br = breite Linie

Gr. I ⎫
Gr. II ⎬ Die von *Claisse* für die Bestimmung der Plagioklase verwendeten zwei Liniengruppen

läufer der Kalifeldspatbildung auf, beim Typus II entstehen solche Lösungen durch metasomatische Angriffe hydrothermaler Phasen auf vorhandenen Kalifeldspat, in dessen Spaltrissen sich in Bildung begriffener Plagioklas als Myrmekit-Plagioklas ansiedelt.

4. Während daher Myrmekit-Plagioklas I in seinen Randzonen typisch sekundäre Beeinflussung zeigt (Korrosionsbuchten, Auslaugungsränder u. ä.), ist das bei der postmikroklinen Myrmekitbildung nicht der Fall. Hier sind niemals randliche Veränderungen zu beobachten.

5. Die Auslaugungsränder sind in den bisher bekannten Vorkommen immer saurer als die inneren, noch unangegriffenen Schichten des Kristalls.

Die Quarzstengel, das typische Merkmal des Myrmekits I, sind auf die Randzone der Wirtplagioklase beschränkt. Sie bilden dort einen nach innen wachsenden Quarzstengelrasen, dessen Einzelstengel auf der Oberfläche senkrecht stehen, einen bestimmten, mittleren seitlichen Abstand voneinander einhalten und häufig die gleiche Eindringtiefe erreichen (Infiltrationsfront).

6. Die Quarzstengel sind jünger als der Plagioklas, in dem sie auftreten. Das ließ sich 1. durch Auffindung von primären Apatitsäulchen in Quarzstengeln, die in Plagioklas eingebettet waren, 2. durch Feststellung zweier Stengelgenerationen im Plagioklas, von denen mindestens eine jünger sein muß als ihr Wirt, beweisen. Anderseits sind die Quarzstengel älter als der Kaliumfeldspat, da Reste der Quarzstengel in diesem nicht selten zu beobachten sind. In Einzelfällen werden sie vom Kaliumfeldspat — oder diesem vorangehenden Lösungen — aus dem Verband mit dem Plagioklas herauspräpariert.

7. Alle geschilderten Merkmale deuten auf metasomatische Entstehung des Myrmekits. Zur Erklärung des seitlichen Abstandes der Quarzstengel wird angenommen, daß die in das Plagioklasgitter einwandernden Lösungen hauptsächlich auf die „Lockerstellen" des Gefüges wirken. SiO_2 wird am Ort belassen, die Kationen an andere Fehlstellen gebracht, wo sie die freien Plätze einnehmen und die Fehlstellen damit zu konsolidierten „Blockgebieten" machen, an welchen weiterer Abbau zum Stillstand kommt.

8. Der Myrmekit stellt keine anormale Bildung dar, sondern gehört in den Kreislauf metasomatischer Gefügeveränderungen granitischer Gesteine."

R. Kern, der in den Pegmatiten und Gneisen des Centovalli, d. h. der Region, der auch manche Pegmatite meiner Untersuchungen entstammen, die Myrmekitbildung untersucht hat, kam zu etwas anderen Schlußfolgerungen, die durch verschiedene Abbildungen belegt wurden. Der typische Myrmekit ist nach ihm (im Sinne von *Becke*) entschieden ein Produkt der Verdrängung von Kaliumfeldspat durch Plagioklas, unter gleichzeitiger Quarzausscheidung. Daneben aber konnte eine nachträgliche Korrosion des Myrmekites durch K-reiche Substanz, unter Neubildung von Kaliumfeldspat, konstatiert werden. Er faßt seine Untersuchungen wie folgt zusammen:

„Der grundlegende Vorgang bei der Myrmekitbildung ist stets eine Verdrängung des Kaliumfeldspates durch den Plagioklas (= *normaler Myrmekit*), doch können nachträglich Verdrängungen des so gebildeten Myrmekites durch jüngeren Kaliumfeldspat hinzukommen, wodurch der *korrodierte Myrmekit* entsteht."

Kern hat normalen Myrmekit in den Pegmatiten und den pegmatitisch injizierten Gneisen festgestellt. Er gibt hiefür sehr schöne Dünnschliffphotographien, auf deren Wiedergabe wir verzichten können. Der korrodierte Myrmekit trat besonders in Injektionsgneisen auf, mit deutlicher nachträglicher Stoffzufuhr. Neuerdings konnte *L. Zawadynski* nachweisen, daß auch bei den jüngsten Kakiritisierungsprozessen im Südtessin (bei Prozessen, die auch noch die jungen Pegmatite kataklastisch verformt hatten) Plagioklase durch Kaliumfeldspat verdrängt werden, und zwar bei relativ niedrigen Temperaturen. Es können dann Plagioklasreste und Quarzinseln als Relikte im epithermal gebildeten Kaliumfeldspat vorgefunden werden. Es müssen also von vornherein beide Möglichkeiten: Verdrängung von Kaliumfeldspat durch Plagioklas und Verdrängung des Plagioklases durch Kaliumfeldspat, in Berücksichtigung gezogen werden und es ist festzustellen, zu welchem Vorgang die Symplektitbildung des typischen Myrmekites gehört.

Die im Kontakt Kaliumfeldspat-Plagioklas und durch das Zusammentreffen dieser zwei Mineralarten hervorgerufenen, von uns beobachteten Phänomene sind a) die Verdrängung des Kaliumfeldspates durch Plagioklas, b) die als Auslaugung beschriebene Veränderung der Randzone des Plagioklases und c) die eigentliche Myrmekitbildung. Zu diesen drei Phänomenen ist folgendes zu bemerken:

1. Verdrängung des Kaliumfeldspates durch Plagioklas.

Es ist schon erwähnt, daß dieses Phänomen in den Tessiner Pegmatiten sehr verbreitet ist. Die korrodierten und angefressenen Konturen des Kaliumfeldspates mit buchtigen und im allgemeinen unregelmäßigen Formen sind, wie schon *Kern* feststellte, typisch für eine auf Kosten des Kaliumfeldspates verlaufene Reaktion. Ein solches Bild zeigt die Abb. 12, in der alle im Plagioklas befindlichen Reste des K-Feldspates die gleiche Orientierung untereinander und mit einem am Rand befindlichen, ziemlich großen Kaliumfeldspat haben. Der ursprünglich große K-Feldspat wurde durch den später gebildeten Plagioklas verdrängt und mannigfaltig angefressen.

Die Verdrängung erfolgt zwar meist regellos und die Reste des K-Feldspates im Plagioklas scheinen wahllos verteilt, es sind aber auch Fälle beobachtet worden, wo diese Reste in bestimmten Richtungen gehäuft erscheinen. So sind z. B. im Schliff Δ_7 die optisch gleich orientierten Reste des Mikroklins in Reihen angeordnet, die mit 70° schief zur vorhandenen Spaltbarkeit des Plagioklases verlaufen (Abb. 13). In der Nähe gut ausgebildeter Spaltrisse sind die Reihen etwas dichter besetzt als an anderen Stellen, und längs der Spalten findet man manchmal eine Verbreiterung der einzelnen Mikroklinreste. Dies könnte auf ein späteres Wachstum des Mikroklines hindeuten. Doch läßt auch hier die gleiche optische Orientierung aller Mikroklininseln die Ansicht zu, daß die Inseln Reste eines ursprüng-

lich großen Mikroklinkristalls sind, der zunächst einmal von Plagioklas weitgehend resorbiert wurde.

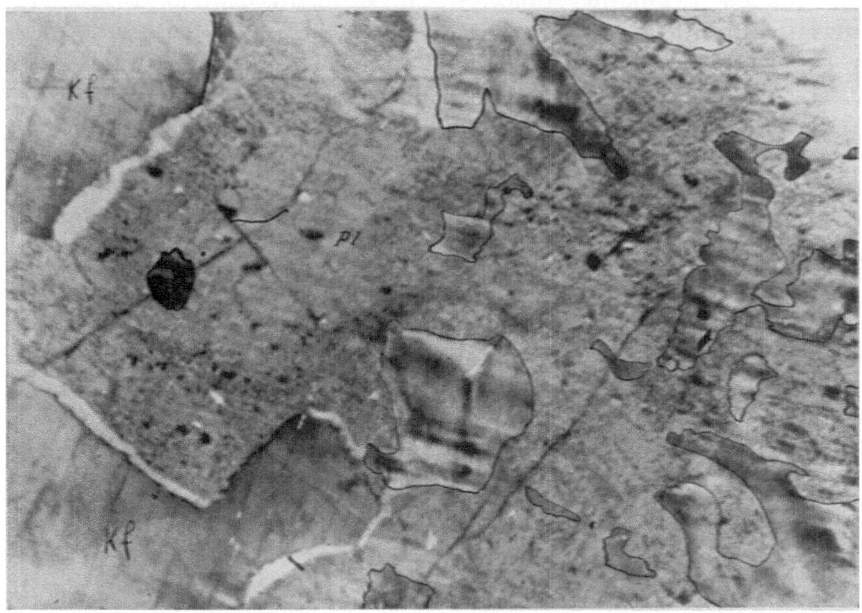

Abb. 12. Verdrängung des Kaliumfeldspates durch Plagioklas. Schliff Γ_3. Nicols +. × 82. Links
auch helle Randzone (sogenannte Auslaugungszone).

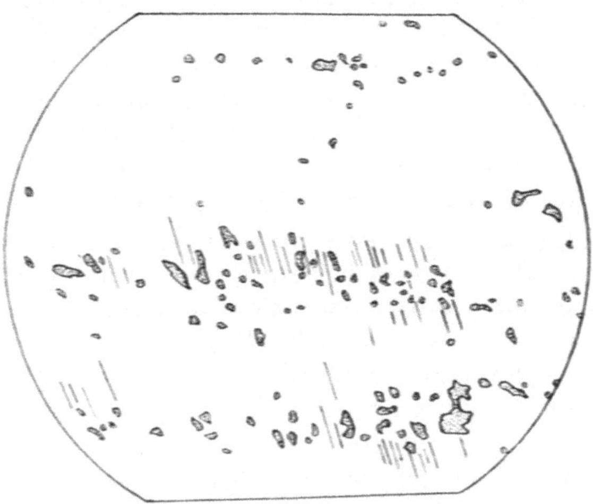

Abb. 13. Reste verdrängten Mikroklines im Plagioklas nach Reihen angeordnet. Schliff Δ_7. × 28.

Sowohl die korrodierte Kontur dieser Mikroklinreste als auch die
Tatsache, daß an anderen Stellen des gleichen Plagioklases die K-Feld-

spatreste keine Regelung aufweisen, sprechen nicht für eine Antiperthitbildung durch Entmischung.

2. Die Randzone der den Kaliumfeldspat verdrängenden Plagioklase.

Eine stofflich abweichende Randregion der Plagioklase im Kontakt mit dem Kaliumfeldspat ist bei den Pegmatiten des Tessins ziemlich verbreitet. Es handelt sich um das Phänomen, das *Drescher-Kaden* die Auslaugungszone genannt hat. Diese im allgemeinen schmale Zone hat eine andere Doppelbrechung und besitzt eine andere optische Orientierung als der übrige Kristall (Abb. 12 und 14). Messungen zeigten, daß die Randzone saurer als der übrige Kristall ist; wir geben hier einige Beispiele:

Randzone	übriger Kristall
0,4% *An*	10% *An*
8 % *An*	16% *An*
6 % *An*	12% *An*
0,5% *An*	11% *An*

In der sauren Randzone der Plagioklase trifft man oft schon Myrmekitquarz und es ist zu vermuten, daß die saure Randzonenbildung auch eine Vorstufe der Myrmekit-

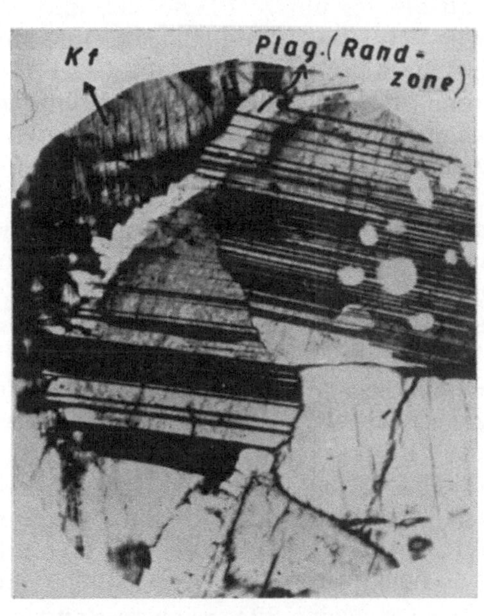

Abb. 14. Randpartien der Plagioklase. Muskovit-Granat-Sillimatitpegmatit, Verbano. Schliff A₂. Nicols +. × 100.

bildung darstellen kann. Dies will aber nicht heißen, daß Myrmekitbildung ohne albitische Randzone nicht direkt beginnen kann, denn dieser Vorgang ist viel häufiger. Wir werden später weitere Gründe angeben, warum wir durch die Untersuchung der Tessiner Pegmatite zur Meinung gekommen sind, daß der Myrmekit auf Kosten des Kaliumfeldspates und nicht des Plagioklases gebildet wurde. Wir glauben nicht, daß den Randpartien des Plagioklases SiO_2 entnommen werden kann, sei es zur Bildung einer sauren Randzone, sei es um als Myrmekitquarz im Inneren des Plagioklases aufzutreten, wie dies von *Drescher-Kaden* (24, S. 73) angenommen wurde.

Der gleiche Autor glaubt, daß bei der Myrmekitbildung (sogenannter Myrmekit I) der Kaliumfeldspat und nicht der Plagioklas

Angreifer ist, und schreibt weiter, daß eine eventuell früher vorhanden gewesene „desilifizierte" Randzone des Plagioklases bei der Fortsetzung des Vorganges zur Myrmekitbildung als nicht bestandfähig abgetragen worden und deshalb heute nicht mehr erhalten sei.

Wenn dies wirklich der Fall wäre, dann würde das gefundene Vorhandensein von Myrmekitquarzstengeln in der ausgelaugten Randzone schwierig zu erklären sein. Die albitische Randzone ist sozusagen eine indirekt silifizierte Zone, da sie ja mehr SiO_2 enthält als der übrige Plagioklas, und es ist nicht leicht zu verstehen, wie sich eine Desilifizierung im Sinn von *Drescher-Kaden* und gleichzeitig eine Silifizierung der Randpartien im gleichen Vorgang kombinieren können. Außerdem findet man die Koexistenz „Auslaugungszone" und Myrmekitquarz auch bei dem von *Drescher-Kaden* genannten Myrmekit II, für den *Drescher-Kaden* nicht bezweifelt, daß die Verdrängung auf Kosten des K-Feldspates stattfand. Wenn also die Myrmekitbildung für den Myrmekit I ein inverses Phänomen zum Myrmekit II darstellen würde, mußte die „Auslaugung" das eine Mal (Myrmekit I) mit Abbau und das andere Mal (Myrmekit II) mit Wachstum des Plagioklases verknüpft sein.

Vorläufig müssen wir annehmen, daß die saure Randzone am Plagioklas im Kontakt mit Kaliumfeldspat weder als Auslaugungszone noch als normale Zonenhülle des Plagioklases zu erklären ist. Sie gehört zum Phänomen der Korngrenzenreaktionen zwischen Plagioklas und Kaliumfeldspat und kann wie die Myrmekitbildung aus dem Umstand resultieren, daß bei der Verdrängung von Kaliumfeldspat durch Plagioklas SiO_2 frei wird. So bilden sich unter Diffusion oder Abwandern der Ca-Ionen entweder

eine SiO_2-reichere Randzone des Plagioklases
oder
eine solche Randzone mit zusätzlicher Ausscheidung von Quarz
oder
eigentlicher Myrmekit als Symplektit von Plagioklas mit Quarz.

Man hat beobachtet, daß am äußersten, oft albitreicheren Rand des Plagioklases dünnere Stengel von Myrmekitquarz auftreten als im Inneren des Kristalles und bemerkt, daß die letzteren eine jüngere Bildung darstellen (24). Es ist aber auch denkbar, daß die eine oder andere Erscheinung von den verschiedenen, die Verdrängung begleitenden Geschwindigkeiten der Reaktionen und Diffusionen abhängt.

3. Die eigentliche Myrmekitbildung.

Wir wollen von Anfang an bemerken, daß es uns nicht zweckmäßig erscheint, zwischen sogenanntem Myrmekit I und II zu unterscheiden. Die Genesis beider Myrmekite scheint sowohl uns wie *Kern* nicht beweisbar verschieden zu sein, oder mit anderen Worten: auf Grund unseres Dünnschliffmateriales ist eine derartige Gliederung, bei sonst ähnlichen Einzelerscheinungen, wie sie *Drescher-Kaden* beschrieben hat, nicht durchführbar. Wenn einige Male im sogenannten Myrmekit II weniger Myrmekitquarz auftritt (so z. B.

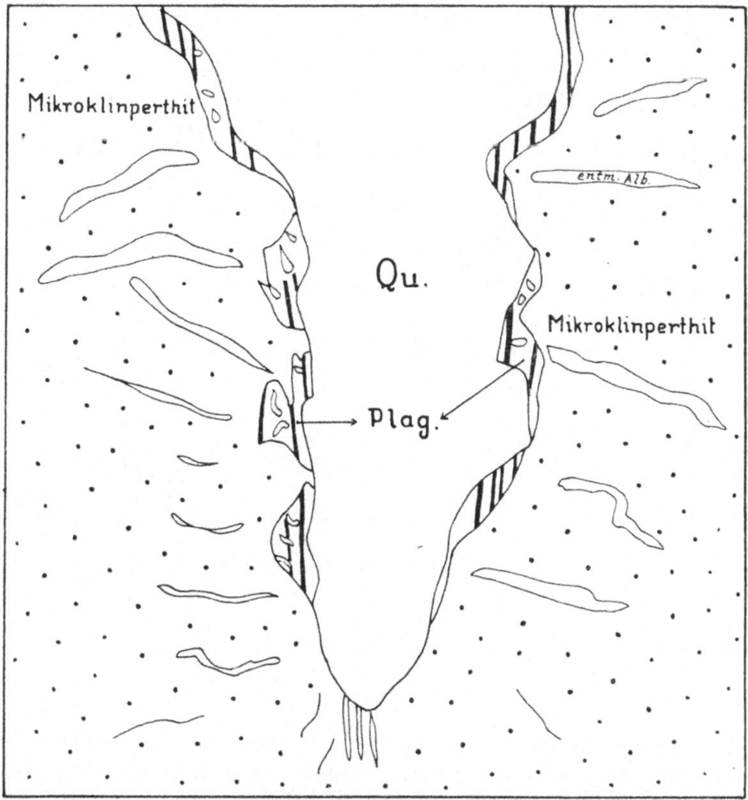

Abb. 15. Intergranular zwischen Mikroklin und Quarz abgesetzter Plagioklas hat z. Teil zu Myrmekitbildung geführt. Muskovit-Granat-Sillimanit-Pegmatit, Verbano. Schliff $A_{1}\beta$.

Abb. 15 oder 16) als im Myrmekit I, beruht dies darauf, daß die später in die Risse des Kaliumfeldspates oder intergranular zwischen Kaliumfeldspatkristallen oder zwischen Kaliumfeldspat und einer anderen Mineralart eingedrungenen Lösungen, aus denen auch der Plagioklas des Myrmekites II entstanden ist, nicht in so großen Mengen vorhanden waren, um größere Massen des Kalifeldspates zu verdrängen und viel SiO_2 für die Myrmekitbildung frei zu machen.

Die Myrmekitbildung im weitesten Sinne ist bei den Pegmatiten des Tessins sehr verbreitet. Wir wollen einige Beispiele besprechen, und zwar beginnen wir mit den einfachsten Formen des sogenannten Myrmekites II.

In den Abb. 15 und 16 zeigt sich in der Mitte ein großer Quarzkristall, umgeben von einem großen Perthit. Intergranular zwischen

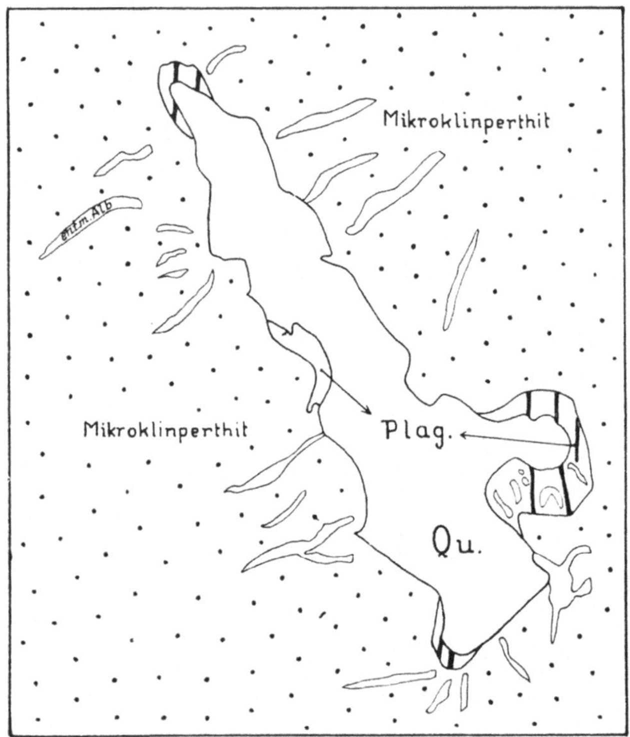

Abb. 16. Der unter den gleichen Bedingungen gebildete Plagioklas wie in der Abb. 15, hat zum Teil (rechts!) Anlaß zur Myrmekitbildung gegeben. Muskovit-Granat-Sillimanitpegmatit, Verbano. Schliff $A_1\beta$.

Quarz und Perthit ist Plagioklas abgesetzt worden, der natürlich später zwischen die beiden Kornarten eingedrungen ist. Die Lösungen haben den Mikroklin in beschränkten Mengen verdrängt und der Plagioklas ist zum Teil myrmekitisch.

Ein weiteres Beispiel ist in der Abb. 17 dargestellt. Von Plagioklasen, die längs eines Spaltrisses in Kaliumfeldspat eingedrungen sind, wurden einige Partien mit ruhigen Konturen herausgegriffen, von denen eine rosenartige Myrmekitbildung zeigt. Die vorkommende rosenartige Form ist die Folge eines ruhigen Wachstums auf

Kosten des Kaliumfeldspates. Es handelt sich hier wieder um den sogenannten Myrmekit II.

Die Abb. 18, wie auch die nächste Abb. 19 betrifft den sogenannten Myrmekit I. In der Abb. 18 sieht man Myrmekit-Plagioklase, mit einer sehr starken Verdrängung des Kaliumfeldspates. Im Inneren des Plagioklases sind zahlreiche Reste von Kaliumfeldspat zurückgeblieben, die die gleiche Orientierung untereinander und mit dem im Kontakt mit dem Plagioklas befindlichen Kalium-

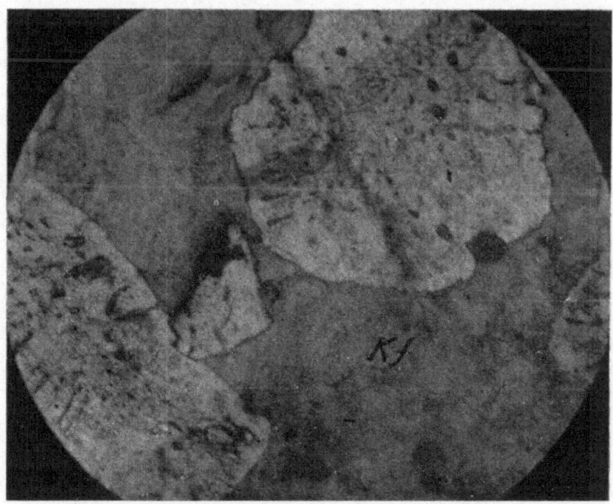

Abb. 17. Plagioklas mit ruhigen Konturen, welcher in einen Kaliumfeldspatkristall eindrang unter Myrmekitbildung. Mikroklinperthit, Palagnedra. Schliff B$_{33}$. Nicols +. × 100.

feldspat aufweisen. Diese Reste stammen von dem gleich orientierten großen Kaliumfeldspatkristall und es besteht kein Zweifel, daß der Angreifer die Plagioklassubstanz war, die Verdrängung somit auf Kosten des Kaliumfeldspates stattgefunden hat. Das ausgeschiedene SiO_2 ist als Myrmekitquarz abgesetzt worden. Neben dem Kaliumfeldspat ist auch der Muskovit angegriffen und teilweise korrodiert; hiebei ist Myrmekitquarz auch im Muskovit abgesetzt worden.

Abb. 19 zeigt schließlich einen großen Plagioklas mit vielen Relikten eines Kaliumfeldspates und mit Myrmekitquarzstengeln. Die im Plagioklas eingeschlossenen K-Feldspatreste zeigen zum Teil Spuren entmischten Albites und haben die gleiche Orientierung mit einem am Rand befindlichen großen Kaliumfeldspatkristall. Auch in diesem Fall ist die Verdrängung des Kaliumfeldspates mit Myrmekitbildung verbunden.

Die oben erwähnten Beispiele scheinen uns klar zu zeigen, daß der Myrmekit auf Kosten des Kaliumfeldspates gebildet worden

ist. Ein weiter kristallisierender Plagioklas hat den K-Feldspat angegriffen und das aus dieser Verdrängung übrig gebliebene SiO_2
blieb im Plagioklas in Form wurmähnlicher Stengel zurück. Neu
ausgeschiedener Quarz kann manchmal intergranular zwischen Pla-

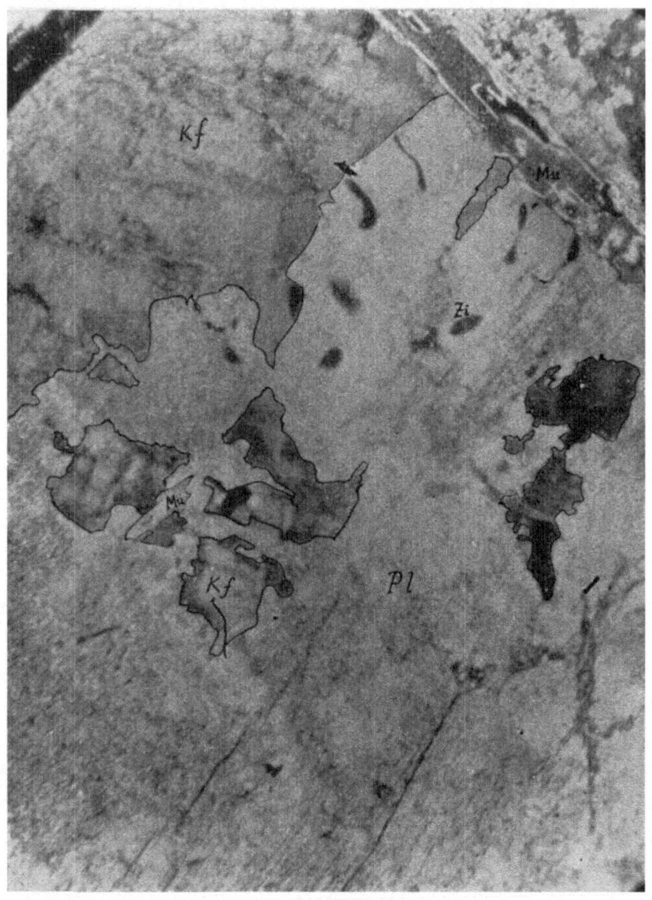

Abb. 18. Reste des verdrängten Kaliumfeldspates (am Rand) befinden sich auch noch im Plagioklas;
gleichzeitig ist Myrmekitquarz (schwarze Stengel in der Nähe des Kaliumfeldspates und des großen
Muskovites) und sogar im Muskovit selbst ausgeschieden worden. Schliff A69. Nicols +. × 82.

gioklas-Glimmer liegen oder sogar den Spaltflächen eines Muskovites
folgen (Abb. 20). Nun ist allerdings hinzuzufügen, daß Fälle beobachtet wurden, bei denen Myrmekit (Quarz-Plagioklas-Symplektit)
in keinem Kontakt mit K-Feldspat war. Die Schnitte waren ziemlich
groß, so daß es wenig wahrscheinlich ist, daß der Schliff gerade
die äußersten Partien eines Myrmekites von dem darüber- oder dar-

unterliegenden K-Feldspat abgetrennt hat. In diesem Falle ist wohl
anzunehmen, daß ursprünglich vorhandener K-Feldspat ganz vom
Plagioklas verdrängt wurde, so daß heute unangegriffene Teile des
ursprünglichen Kristalles nicht mehr sichtbar sind.

Wir haben somit keine Veranlassung, zwischen Myrmekit I und
II zu unterscheiden, weil sich ja in beiden Fällen der gleiche Vorgang
(die Verdrängung des Kaliumfeldspates und Myrmekitisierung des
Plagioklases) abgespielt hat. Der Unterschied kann nur darin be-

Abb. 19. Reste verdrängten Kaliumfeldspates im Plagioklas und Myrmekitquarz-Ausscheidung.
Schliff B_1. Nicols +. × 28.

stehen, daß im Falle des sogenannten Myrmekits II der Plagioklas
in einer etwas späteren Phase der allgemeinen Kristallisation gebildet wurde durch Lösungen, die in Spaltrisse, an Intergranularen
usw. eindrangen. Der Myrmekit I wurde in einem früheren Stadium
der Kristallisation des Magmas gebildet, in der deutlich magma-
tischen Phase. In unseren Beispielen ist der Myrmekit I vom Myrmekit II durch die letzte normale Quarzkristallisation getrennt; es ist
aber nicht ausgeschlossen, daß der Myrmekit II auch früher gebildet
werden kann, in einer Zwischenzeit der Bildung des Myrmekits I
und der normalen Quarzkristallisation.

Damit sollen die von *R. Kern* beobachteten Phänomene einer
nachträglichen Wiederauflösung vom Myrmekit unter Kaliumfeld-
spatbildung keineswegs in Abrede gestellt werden. Aber sie setzen
den früher gebildeten Myrmekit voraus und finden sich nur zur
Seltenheit in eigentlichen Pegmatiten.

Um die erläuterte Hypothese der Myrmekitbildung weiter zu
prüfen, haben wir zu bestimmen versucht, ob die Orientierung der
optischen Achsen der Myrmekitquarzstengel in engerer Abhängigkeit vom Gitter des Plagioklaswirtes oder des Kaliumfeldspates steht,
und ob sich auch die Orientierung der myrmekitischen Plagioklase
in einer Beziehung mit dem angrenzenden Kaliumfeldspat befindet.

Abb. 20. Myrmekitquarz ist zum Teil im Muskovit in Bevorzugung längs Spaltflächen abgesetzt
worden. SiO_2-Substanz ist also offenbar gewandert und die Lösungen vermochten auch den Muskovit
teilweise zu verdrängen. Schliff Γ_3. Nicols +. × 108.

Wir geben hier ein Beispiel (Abb. 21). Ein großer Kaliumfeldspatkristall ist sehr stark von Plagioklasen verdrängt und zwei von ihnen
scheinen sogar im K-Feldspat eingeschlossen zu sein. Der Myrmekit gehört dem sogenannten Myrmekit I (normaler Myrmekit) an.
Die Plagioklase, deren Zusammensetzung durch die Prozentzahl des
An-Gehaltes angegeben sind, besitzen im Mittel den gleichen An-
Gehalt wie der Plagioklas des Grundgewebes und zeigen eine Verzwillingung nach dem Albitgesetz sowie die Spaltbarkeit (010)
oder (001).

Reste des korrodierten Kaliumfeldspates, mit der gleichen Orientierung wie der große Kristall, sind in Plagioklaskristallen oder an ihren
Grenzen zu finden. Nur zwei kleine Stücke von Kaliumfeldspat, rechts
unten am Plagioklas Nr. 12, sind anders orientiert als der große Kri-

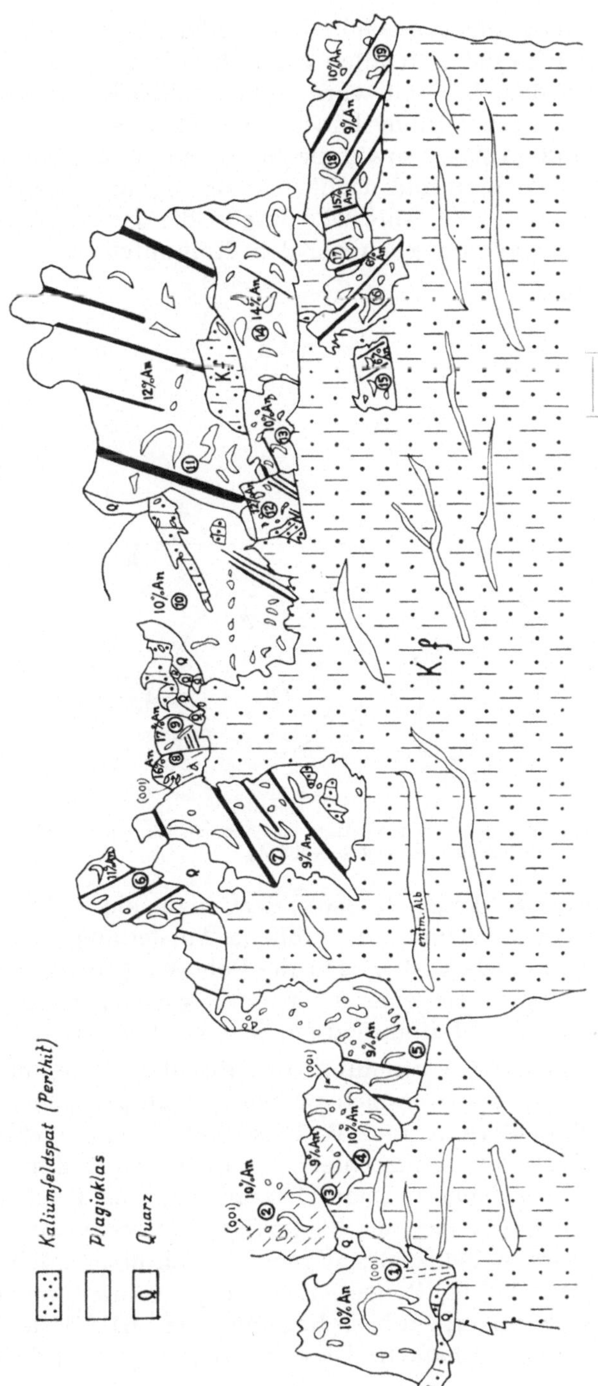

Abb. 21. Großer K-Feldspatkristall mit myrmekitischen Plagioklasen. Schliff A_6c. Die Projektion der (010)-Ebenen der Plagioklase im Bezug auf das Kalium-feldspatkristallgitter wird in der Abb. 22 dargestellt. Die Lage der c-Achsen der Myrmekitquarzstengel, bezogen auf das Plagioklasgitter, wird in der Abb. 23 gegeben. Die Abb. 24 zeigt die Projektion der c-Achsen der Myrmekitquarzstengel im Bezug auf den Kaliumfeldspat.

stall, dem sie deshalb nicht angehören. Die Plagioklase sind in der Abb. 21 mit ihrer azimutalen Stellung gegenüber dem Kaliumfeldspat wiedergegeben. Mit dem U-Tisch wurden die Spaltbarkeiten bzw. die Verwachsungsebenen der Zwillingslamellen der Plagioklase, die Spaltbarkeit des Kaliumfeldspates sowie die optischen Achsen der Myrmekitquarzstengel gemessen und nachher in stereographische Projektionen übertragen. Für die Abb. 22, welche die Orientierung der (010)-Fläche der Plagioklase gegenüber dem Kaliumfeldspat darstellt,

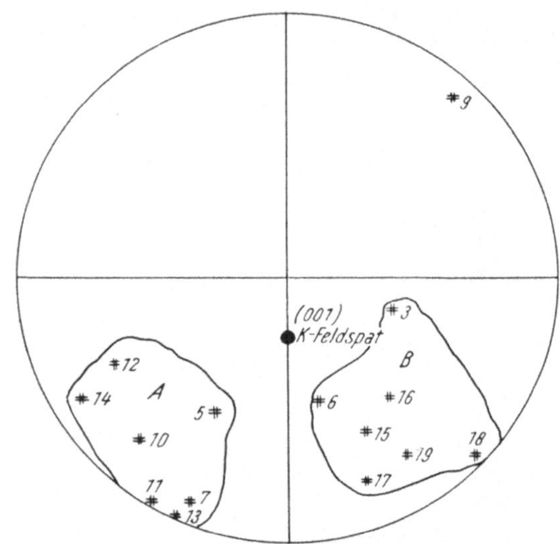

Abb. 22. Projektion der (010)-Ebenen der Plagioklase aus Abb. 21, bezogen auf das Gitter des Kaliumfeldspates. Schliff A_6c.

wurde die Projektion derart transformiert, daß die c-Achse des Kaliumfeldspates im Zentrum liegt (übliche Aufstellung). Wie aus dieser Projektion zu ersehen ist, zeigen die Pole der (010)-Ebene der myrmekitischen Plagioklase eine mehr oder weniger ausgeprägte Regelung gegenüber dem Kaliumfeldspat in zwei Feldern A und B.

Es zeigt sich eine gewisse Streuung, aber die (010)-Pole, mit Ausnahme des Poles 9, gruppieren sich in den mit ausgezogener Linie bezeichneten zwei Feldern A und B. Diese Felder sind mehr oder weniger symmetrisch zum senkrechten Durchmesser der Zone [010] des Kaliumfeldspates orientiert. Dadurch zeigt sich eine Tendenz zur Anordnung der (010)-Flächen der Plagioklase in zwei symmetrisch zur (001)-Fläche des K-Feldspates liegenden Richtungen. Ich kann mir kaum vorstellen, daß die Plagioklase diese, wenn auch nicht ausgezeichnete, so doch unverkennbare Regelung der (010)-Pole einem zufälligen Wachstum verdanken. Diese Einregelung ist jedoch bei höherem Alter des Kaliumfeldspates verständlich, da ja ein schon vorhandenes Gitter regelnd auf die später eingebauten und auf Kosten des K-Feldspates sich ausbreitenden Plagioklaskristalle einwirken kann. Noch ausgeprägter gilt dies für die Myrmekitquarze jedes Plagioklaskristalles, die gleich oder mit einer kleinen Abweichung gegenüber dem Plagioklaswirt orientiert sind. Alle Myrmekitquarzstengel eines Plagioklases wiesen die gleiche oder fast die gleiche Orientierung ihrer c-Achsen auf, ausgenommen die Quarzstengel der

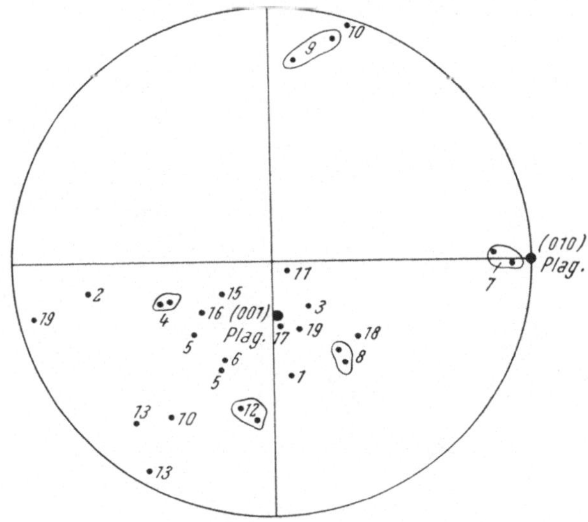

Abb. 23. Projektion der c-Achsen der Myrmekitquarzstengel aus Abb. 21, bezogen auf das Plagioklasgitter. Schliff A₆c.

Plagioklase Nr. 11, 14 und 19. So ist wieder der Schluß zu ziehen, daß der Plagioklas einen Einfluß auf den fast gleichzeitig eingebauten Quarz ausgeübt hat. Nur steht diese Regelung des Myrmekitquarzes gegenüber dem umschließenden Plagioklas in geringerer Abhängigkeit von dem Gitter des letzteren, d. h. die c-Achsen der in einem Plagioklas befindlichen Quarzstengel zeigen die gleiche oder fast die gleiche Orientierung, aber diese Orientierung steht nur in schwacher Abhängigkeit von den individuellen Orientierungen der Plagioklase. Beziehen wir die c-Achsen der Quarzstengel der Myrmekite aller Plagioklase auf den als fest betrachteten Plagioklas mit (010) und (001) in üblicher Aufstellung (c ins Zentrum), so erhalten wir die Projektion der Abb. 23. Auf die Gesamtheit der Plagioklasindividuen bezogen zeigen die c-Quarzachsen nur eine schwache Regelung.

Betrachten wir jetzt aber die Abb. 24, in der die c-Achsen der Myrmekitquarze in bezug auf das Gitter des Kaliumfeldspates projiziert

wurden, so sehen wir, daß die optischen Achsen der Myrmekitquarz-
stengel besser geregelt erscheinen, und zwar sogar besser als die (010)-
Fläche der Plagioklase, da ja dort zwei Hauptfelder der Regelung
auftreten. Man erwartet natürlich, daß nachdem die Plagioklase eine
Regelung gegenüber dem Kaliumfeldspat aufweisen und die Myr-
mekitquarze wieder eine nicht verkennbare Regelung gegenüber dem
Plagioklasgitter besitzen, daß auch die Quarzstengel gegenüber dem
Kaliumfeldspat geregelt sind. Aber es ist eigenartig, daß die Einrege-

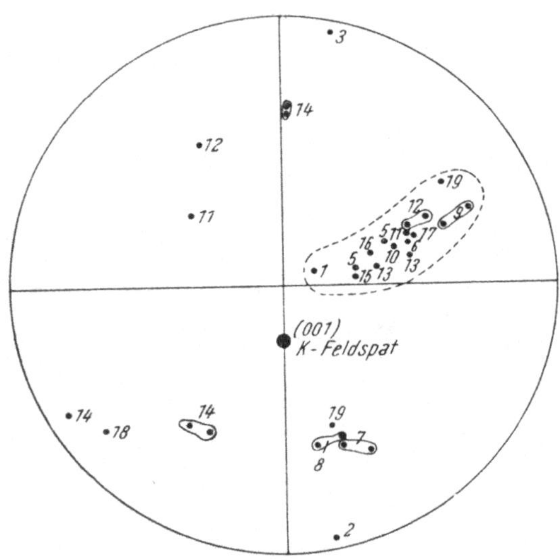

Abb. 24. Projektion der c-Achsen der Myrmekitquarzstengel aus der Abb. 21, bezogen auf das
Kaliumfeldspatgitter. Schliff A_6c.

lung der c-Myrmekitquarzachsen gegenüber dem K-Feldspat besser
ist und einfachere Verhältnisse aufweist als gegenüber dem Plagioklasgitter. Das Wachstum und die Entwicklung des Myrmekitquarzes
findet ja im Plagioklaskristall statt und das Plagioklasgitter ist immer
in unmittelbarerer Berührung mit den Quarzstengeln als das Kaliumfeldspatgitter. In bezug auf den angegriffenen Kaliumfeldspat müssen
somit offenbar der Plagioklas und die darin eingebauten Myrmekitquarze als Ganzes betrachtet werden, und solange beide auf Kosten
des Kaliumfeldspates wuchsen bzw. entstanden sind, ist auch vor-
stellbar, daß der ursprüngliche Kaliumfeldspat richtend auf das
Wachstum beider wirken konnte. Wie sich dies im einzelnen abgespielt hat, soll hier nicht näher untersucht werden, da verschiedene
Möglichkeiten diskutiert werden müßten. Sicher ist, daß in Abhängigkeit von den besonderen Umständen der Regelungsgrad ein verschiedener sein kann. Am günstigsten wird der Fall sein, wenn der

ursprüngliche Kaliumfeldspatkristall groß ist und die verdrängenden Plagioklase geringes Volumen besitzen, aber relativ tief in den ersteren eindringen. Auf alle Fälle scheinen uns die beobachteten Phänomene einer teilweisen Regelung von Plagioklas und Myrmekitquarz in bezug auf die Kaliumfeldspatorientierung zu bestätigen, was bereits aus den übrigen Erscheinungen geschlossen wurde, daß die Myrmekite der untersuchten Tessiner Pegmatite bei der Verdrängung der Kaliumfeldspatsubstanz durch Plagioklas entstanden sind.

II. Die übrigen und seltenen Bestandteile der Pegmatite.

1. Die übrigen Bestandteile.

Neben den Feldspäten, dem Quarz, den gewöhnlichen, in den Eruptivgesteinen auftretenden Akzessorien sowie einigen Erzen (Pyrit, Molybdänglanz, Chalcopyrit, Bornit, Magnetit, Ilmenit usw.), findet man unter den übrigen Gemengteilen vorwiegend Muskovit, dann Biotit oder beide zusammen. Eine Ausnahme machte eine Probe mit Hornblende, die in der Deponie am Fenster des Druckstollens von Verbano gefunden worden ist. Trotz allem Suchen konnten wir das Anstehende nicht finden. Die Hornblende war chloritisiert, aber die faserige bis langstengelige Ausbildung ihrer Kristalle war schon mit bloßem Auge sichtbar.

Der *Muskovit* kommt oft in einer großblättrigen, manchmal paketförmigen Ausbildung vor. Mit dem U-Tisch ausgeführte Messungen haben Werte für 2 V zwischen 40° und 47° ergeben.

Der *Biotit* weist die gleiche Ausbildung der Kristalle wie der Muskovit auf. Im Kontakt mit den Gneisen und Biotitschiefern (Ruschelzone), nimmt die Größe der Blätter zu, wie dies ja auch bei den Injektionen oft der Fall ist. Diese grobblättrigen Biotitlagen, die den Pegmatit umhüllen, wurden durch die Wirkung der Mineralisatoren auf das Nebengestein verursacht. Der Biotit ist manchmal in Chlorit und Epidot umgewandelt worden.

Der *Granat* mit einer Farbe zwischen braunrot und braunrosa ist ein häufiges Mineral der Tessiner Pegmatite. Im Hauptgebiet der Injektion Verbano-Corcapolo-Palagnedra ist er überall verbreitet, manchmal in gut ausgebildeten Kristallen.

In der Variation des *Spessartines* wurde der Granat schon von *de Quervain* (Brissago) und *Mittelholzer* (Bellinzona) bestimmt. Es gibt aber auch Granate, die unter der Mitwirkung der Bestandteile des Nebengesteines gebildet wurden. Dann scheint mir der *Almandin* sehr häufig zu sein. Die Lichtbrechung einzelner dieser Granate ist nämlich n $\sim$ 1,81, was auf Almandin hindeutet. Einige braunrote Granate aus dem Gebiet von Ponte Brolla haben dagegen n $=$ 1,804, was

Mn-Granatbeimengung wahrscheinlich macht; sie gehen somit in Spessartin über. Für die Lichtbrechung wurde die Immersions-methode gebraucht, wobei die Bestimmung der Immersionsmedien mit der Methode der Minimalablenkung auf dem Reflexionsgonio-meter bestimmt wurde. Prof. Dr. *R. L. Parker*, der die Bestimmung der Lichtbrechung der Immersionsflüssigkeiten kontrolliert hat, sei auch an dieser Stelle herzlich gedankt. Die zuletzt erwähnten Granate aus Ponte Brolla befinden sich in den Pegmatiten und scheinen keine Beziehung mit Assimilationsphänomenen zu haben.

Der *Sillimanit* kommt als Neben- bis Übergemengteil in den Peg-matiten von Verbano und selten auch in den Pegmatiten von Brissago vor. Er zeigt die gewöhnliche faserige bis feinstengelige Ausbildung, in manchmal besen- oder garbenartiger Aggregation. Der Sillimanit befindet sich auch als Einschluß im Glimmer und in den Feldspäten, so daß mit einer früheren Ausscheidung des Sillimanites zu rechnen ist. Diese frühere Ausscheidung und das Fehlen von spezifischen Kon-takterscheinungen mit dem Nebengestein (Gneis, Glimmerschiefer) bei den von mir untersuchten sillimanitführenden pegmatitischen Adern weist darauf hin, daß es sich entweder um tiefer gelegene Assi-milationsvorgänge des Magmas handelt oder um einen Tonerdeüber-schuß primär-magmatischer Herkunft. Die erste Hypothese scheint mir am wahrscheinlichsten, denn der Sillimanit fehlt in den Pegma-titen der benachbarten Gebiete (Corcapolo, Ponte Brolla usw.) und ist auf Pegmatite der aus sehr Al-reichen Gesteinen sich zusammen-setzenden Kinzigitzone beschränkt. Bei den Sillimanit aufweisenden Pegmatiten ist im Vergleich mit den anderen Pegmatiten kein nen-nenswerter Unterschied in bezug auf die Basizität der Plagioklase zu finden, so daß das assimilierte Al-reiche Material vermutlich gleich-zeitig calciumarm gewesen war.

Verbano und Brissago befinden sich in der Kinzigitzone, in der solche Gesteine häufig sind.

Das Vorhandensein von Sillimanit, Disthen und Andalusit ist schon von früheren Untersuchungen über Pegmatitvorkommen vom Bergell, Veltlin, Castione usw. bekannt (22, 54). Hier hat man zum Teil einen primär-magmatischen Tonerdeüberschuß angenommen.

Apatit und *Zirkon* treten oft als akzessorische Übergemeng-teile auf.

Apatit ist als Nebengemengteil, manchmal aber auch als Über-gemengteil (Verbano) gefunden worden. Er kann in ziemlich großen Kristallen beobachtet werden. Die Kristalle sind oft nach der c-Achse gestreckt und zeigen manchmal eine unvollkommene Spaltbarkeit nach dem Prisma und seltener eine undeutliche Absonderung nach der Basis. Leider ist es nicht gelungen, Apatitkristalle zu trennen, um die Lichtbrechung zu bestimmen. Die Doppelbrechung (ε—ω) beträgt — 0,00319 (Verbano) und wurde aus dem Gangunterschied (Kompensator nach *Berek*) bestimmt, wobei die Dicke aus der Doppelbrechung des Quarzes ermittelt werden konnte.

Zirkon findet sich in den Pegmatiten ebenfalls nicht nur in kleinen prismatischen Formen wie in den gewöhnlichen Gesteinen. Oft ist der Zirkon größerer Kristalle im Dünnschliff farblos oder mit einem bräunlichen oder gelblichen Farbton. Die Spaltbarkeit nach (110) ist deutlich bis vollkommen. Das Mineral ist manchmal optisch schwach zweiachsig, wie es auch in anderen Fällen notiert wurde *(Winchell)*. Für einige Zirkone von Verbano wurde die Doppelbrechung (n_γ—n_α) in gleicher Weise wie beim Apatit gemessen; sie liegt um + 0,0644; bei Schnitten aber, die teilweise zersetzt sind, sinkt (n_γ—n_α) bis auf + 0,0389 herab.

Der *Turmalin* findet sich in vielen Pegmatitvorkommen, in zum Teil recht großen Kristallen. Der Pleochroismus ist immer vorhanden, und zwar ist besonders vertreten:

$\varepsilon = n_\alpha$ blaßgelblich bis blaßrötlichviolett

$\omega = n_\gamma$ gelblichgrün bis grünblau.

Manchmal tritt eine schriftgranitische Verwachsung zwischen Turmalin und Quarz auf, die bereits von anderen Forschern in Tessiner Pegmatiten beobachtet wurde (63).

2. Die seltenen Mineralien.

Dumortierit wurde in den Sillimanitpegmatiten von Verbano gefunden. Er ist von mir nur in wenigen Kristallen aufgefunden worden, von denen sich wiederum ein Teil als Einschlüsse im Glimmer befinden, was auf eine relativ frühe Ausscheidung des Dumortierites hindeutet. Dumortierit ist stengelig nach der c-Achse; eine Spaltbarkeit parallel der c-Achse und eine Absonderung senkrecht dazu lassen sich feststellen. Sehr charakteristische Merkmale sind: starke Dispersion mit $\upsilon \gg \rho$ und sehr starker Pleochroismus mit

n_α blauviolett

n_β farblos bis schwach gelblich.

n_γ farblos bis schwach gelblich.

Der optische Charakter ist negativ mit $2 V_\alpha = 32^0$ (U-Tisch) und n_α parallel der c-Achse. Es war nicht möglich, die Lichtbrechung zu bestimmen, da nur in einem Schliff wenige Exemplare des Minerals zu sehen waren und eine Herauspräparierung ausgeschlossen war. Immerhin scheint die mittlere Lichtbrechung nicht weniger als 1,65 zu sein. Die Doppelbrechung n_γ—n_α ist 0,01306. Zur Seltenheit zeigt sich eine Umwandlung in Sericit.

Das Auftreten von Dumortierit in schweizerischen Pegmatiten ist auch von früheren Forschungen her bekannt. So z. B. haben *E. Hugi* und *H. Hirschi* (37) Dumortierit mit Turmalin und Granat in den Pegmatiten des Bergells in den südlichen Schweizeralpen gefunden mit $2 V_\alpha = 30^0$. *Mittelholzer* (54) erwähnt ein Vorkommen von Dumortierit zusammen mit Disthen in den Pegmatiten von Castione, wobei Dumortierit $2 V_\alpha = 38^0$ besitzt. Der Pleochroismus war in diesem Fall

n_α tief rotviolett

n_β blaurosa

n_γ farblos.

Beryll. Dieses Mineral wurde in den Pegmatiten von Ponte Brolla und Maggiatal gefunden. Es ist aber auch aus anderen Pegmatitvorkommen bekannt. Unser Beryll hat eine grüne bis grünblaue Farbe, zeigt aber auch seltener hellere Farbe. Gut ausgebildete Kristalle sind spärlich.

Anhangsweise seien auch die von *F. de Quervain* in den Pegmatiten von Brissago gefundene *Uranpechblende* und die *Fe-Mn-Phosphate* erwähnt, über die man Näheres in der Originalarbeit finden kann.

III. Zusammenfassung, Einteilung der Pegmatite und Diskussion über ihre Entstehung.

Im folgenden sei kurz erwähnt, wie sich die Autoren, die sich mit den Tessiner Pegmatiten beschäftigten, über die Gliederung bzw. die Entstehung dieser Gesteine äußerten.

De Quervain (63) beschreibt von Brissago nur Albitpegmatite, in denen selten Mikroklin vorkommt und dies in sehr kleinen Mengen (Verdrängung durch Albit).

Urban (84) unterschied — wie früher erwähnt — in der Umgebung von Bellinzona eine granit-aplitische und eine quarzdioritische Injektion. Dazu bemerkt *Mittelholzer* (54), daß die als quarzdioritisch bezeichneten Injektionen ursprünglich auch granitpegmatitisch gewesen sein können, sofern eine mehr oder weniger starke Stoffaufnahme stattgefunden habe.

Mittelholzer (54, S. 92) unterscheidet zwei extreme Typen, 1. Mikroklinpegmatite, wobei außer dem Mikroklin $\pm$ saurer Plagioklas vorhanden ist, und 2. Albitpegmatite, bei denen neben dem Albit $\pm$ Mikroklin anzutreffen ist. In beiden Fällen findet man neben den Feldspäten und Quarz auch Granat, Turmalin, Muskovit und Biotit (von seltenen Mineralien abgesehen). Dem ersten Typus gehören die Pegmatite der Zone von Bellinzona und dem zweiten der große Pegmatit von Gordola-Ponte della Torretta an. *Mittelholzer* schreibt aber weiter: „Beide Gruppen (Albit- und Mikroklin-Pegmatite) sind durch zahlreiche Übergänge, oft sogar in einem Gang, miteinander verbunden" (54, S. 93).

Kern (43) konnte im Centovalli und Pedemonte Kaliumfeldspatpegmatite mit untergeordneten Mengen von saurem Plagioklas (0 bis 15% An) und Plagioklaspegmatite ohne Kaliumfeldspat und mit Plagioklas zwischen 15 und 45% An (vorwiegend aber mit Oligoklas) unterscheiden.

Walter (86) hat beiläufig die Pegmatite von Verbano-Ivrea untersucht und meint, daß die grobkörnigen Pegmatite ·der Kinzigitzone mit den Albitpegmatiten von *Mittelholzer* aus der Zone von Bellinzona zusammengehören. Bei den feinkörnigen der gleichen Zone kann er nicht entscheiden, ob sie den Mikroklinpegmatiten der Zone von Bellinzona oder den alten, präalpinen Pegmatiten zugezählt werden müssen. In der Ivrea-Zone findet er in den basischen Augit- und Hornblendegesteinen Plagioklaspegmatite, deren Plagioklas ähnlichen An-Gehalt aufweist wie der An-Gehalt der Plagioklase der Nebengesteine. *Walter* betrachtet diese Pegmatite — mindestens zum Teil — eher als Restlösungen der basischen Magmen, er vermutet aber, daß auch andere Pegmatite auftreten, die mit denen der Kinzigitzone verwandt sind. In der Zone von Arcegno erwähnt der gleiche Autor Pegmatite mit Mikroklin und saurem Plagioklas, Muskovit, Granat, spärlichem Biotit oder Chlorit und selten Turmalin.

Kündig (46) hat neben normalen Pegmatiten mit Beryll und Turmalin auch *Plagioklas-Turmalinpegmatite* beschrieben, die zur Eklogit-Amphibolitfacies der Ophiolithe des Passo di Sanano gehören.

Nach unseren Untersuchungen läßt die Zusammensetzung der Feldspäte die Pegmatite des speziellen Untersuchungsgebietes in drei Gruppen einteilen.

1. Pegmatite mit Kaliumfeldspat und Albit bis Oligoklas (0 bis 15% An und seltener bis 20% An).

2. Pegmatite mit Kaliumfeldspat und Oligoklas bis Andesin (20 bis 34% An).

3. Plagioklaspegmatite mit basischem Oligoklas bis Andesin (22 bis 35% An) und sehr spärlichem oder fehlendem Kaliumfeldspatgehalt.

Am häufigsten trafen wir die erste Gruppe an, dann der Reihe nach die zweite und dritte. Die letzte Kategorie ist relativ selten. Es ist aber zu bemerken, daß die ersten zwei Gruppen nicht streng voneinander getrennt werden können, weil dazwischen Übergänge existieren. Im weiteren sind Fälle beobachtet worden, bei denen der

Kaliumfeldspat gegenüber dem Plagioklas sehr stark überwiegt neben anderen mit umgekehrten Mengenverhältnissen. Beide Varianten können sogar im gleichen Gang vorkommen. Dies beruht wohl auf der Tatsache, daß die Pegmatitlösungen sehr kalireich waren, so daß mit beginnender Kristallisation zuerst Kaliumfeldspat ausgeschieden und manchmal in beträchtlichen Mengen angehäuft wurde. Die Restlösungen wurden dadurch an Na_2O angereichert und die einsetzende Kristallisation von Plagioklas hatte zur Folge, daß der letztere den Kaliumfeldspat verdrängte oder ihn quantitativ zu überwiegen vermochte. Die Verdrängung des Kaliumfeldspates ist ein sehr verbreitetes Phänomen. Fast alle Pegmatite lassen dieses Phänomen erkennen und Fälle einer sehr starken Verdrängung sind nicht selten. Die Plagioklaspegmatite selbst bewahren oft noch sehr spärliche Reste von Kaliumfeldspat, die dann als Zeugen einer allzu starken, auch hier vorhanden gewesenen Verdrängung dieses Minerals durch Plagioklas anzusehen sind.

So gehören die Albitpegmatite *de Quervains*, die Mikroklinpegmatite und Albitpegmatite *Mittelholzers* und die Kaliumfeldspatpegmatite sowie die sauren Glieder der Plagioklaspegmatite *Kerns* meiner ersten oder zweiten Gruppe, vielleicht ein und derselben Differentiationsfolge an, mit zunehmendem Na-Gehalt in den Spätphasen. Nebenher sei gesagt, daß bei Brissago auch Pegmatite gefunden wurden, die neben Albitoligoklas Kaliumfeldspat führen.

Mittelholzers Mikroklinpegmatite und *Kerns* Kaliumfeldspatpegmatite lassen sich meiner ersten Gruppe einordnen. Die Plagioklaspegmatite von *Kern* müssen schließlich in unsere dritte Gruppe fallen. Die sauren Glieder der Plagioklaspegmatite gehören den extremen Typen meiner zweiten Gruppe an und bilden den Übergang zur dritten.

Der Grund, daß ich diese Klassifikation vorziehe, liegt in einer engen Beziehung der Entstehungsart der ersten zwei Gruppen, die meiner Meinung nach durch eine allmähliche Differentiation der pegmatitischen Restlösungen auseinander entstanden sind. Aus den oft großen Mengen des Kaliumfeldspates, aus der überall verbreiteten Verdrängung von seiten des Plagioklases her, muß man an einen ursprünglich erheblichen Gehalt von K_2O in den ältesten Restlösungen denken. Anderseits wurde schon erwähnt, daß für die ersten zwei Gruppen Übergänge von der einen in die andere Gruppe beobachtet wurden und daß auch das Verhältnis Kaliumfeldspat : : Plagioklas sogar im gleichen Gang sehr stark variieren kann. Analog hat auch *Mittelholzer* aus Bellinzona berichtet, daß zwischen seinen Mikroklinpegmatiten einerseits und Albitpegmatiten anderseits zahlreiche Übergänge, sogar in einem Gang, existieren können.

Von diesen Betrachtungen ausgehend, stelle ich mir die Entstehung der Pegmatite der ersten und der zweiten Gruppe folgendermaßen vor. Zu Beginn der Injektionen waren die Lösungen sehr kalireich. Es wurde zuerst Kaliumfeldspat ausgeschieden und nach bestimmter Zeit setzte auch die Kristallisation von Plagioklas ein, nachdem die Restlösungen an Na_2O ausgereichert worden waren.

Die zuerst kristallisierten Plagioklase waren Oligoklase bis saure Andesine, und mit ihrer Ausscheidung begann auch die Verdrängung des Kaliumfeldspates. Nach der Kristallisation dieser Pegmatite, die bereits zur zweiten Gruppe gehören, ging in der Tiefe die Differentiation der Restlösungen weiter, so daß die neu ausgeschiedenen Plagioklase immer saurer wurden. Dann folgten Pegmatite mit saurem Oligoklas und die Gesteine gingen sukzessiv von der zweiten Gruppe in die erste Gruppe über. Der Prozeß ging nun in dieser Richtung weiter, bis auch die sauersten Glieder der ersten Gruppe entstanden waren, wobei als Plagioklas nur saurer Oligoklas und Albit ausgeschieden wurden. In den letzten Kristallisationsprodukten sind Albitpegmatite gebildet worden, bei denen der Kaliumfeldspat manchmal stark zurücktreten kann.

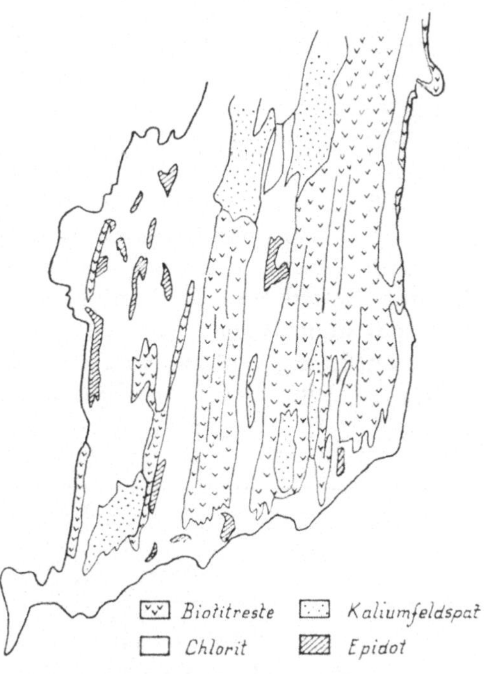

Abb. 25. Bildung von Kaliumfeldspat durch Umwandlung des Biotites. Schliff $\triangle_1$.

Mit der anschließenden pneumatolytisch-hydrothermalen Phase und der dabei stattfindenden Bildung von Beryll, Turmalin, Erzen, Quarzgängen usw., wie auch mit der Bildung von Chlorit, Kaliumfeldspat und Epidot aus Biotit und Sericit, Zeolith, Albit, Calcit, Epidot-Zoisit aus den Feldspäten, gehen die Injektionen zu Ende; natürlich fanden Intrusionen in verschiedenen Stadien statt, so daß Altersunterschiede zwischen den Adern vorhanden sein müssen.

Durch die Einwirkung der hydrothermalen Phase ist manchmal der Biotit im Pegmatit und im Nebengestein in Chlorit und Epidot, manchmal aber auch in Kaliumfeldspat umgewandelt. Ein solches

Beispiel stellt die Abb. 25 dar. Der ursprüngliche Biotit ist zum Teil in Chlorit, Epidot und Kaliumfeldspat umgewandelt worden.

Der sekundäre, aus Biotit gebildete Kaliumfeldspat ist Mikroklin und zeigt manchmal die für dieses Mineral charakteristische Gitterung und Auslöschungsschiefe auf (001). Der Achsenwinkel $2V_\alpha$ schwankt jedoch zwischen 50^0 und 68^0.

Fraglich bleibt noch die Genese der dritten Gruppe (Plagioklaspegmatite mit basischem Oligoklas bis Andesin und mit nur sehr spärlichen Resten von K-Feldspat). Die Altersbeziehungen konnten durch Gangkreuzungen nicht abgeklärt werden, doch finden sich in der Nähe dieser Pegmatite immer solche der ersten oder zweiten Gruppe. Auf Seite 234 wurde erwähnt, daß man ohne sicheren Beweis vermuten kann, daß diese Pegmatite oft etwas älter sind. Auch die Plagioklaspegmatite lassen hie und da Verdrängungsrelikte eines Kaliumfeldspates erkennen. Ist nun das Vorhandensein von nur kleinen Resten von Kaliumfeldspat ein Beweis dafür, daß dieser Feldspat ursprünglich nur in kleinen Mengen ausgeschieden wurde, oder wurde er eventuell unter Muskovitbildung so stark verdrängt, daß nur kleine Reste von ihm übrig zu bleiben vermochten? Die

Tab. 13. *Plagioklase und seltene Mineralien der*

	Accona (Mittelholzer)	Brissago (de Quervain u. Verfasser)	Corcapolo Collino	Onsernone	Maggiatal (Cevio-Riveo)
TESSIN					
Plagioklas	5—15% An	Albit bis Oligoklas	11—34% An (Werte über 30% An selten)	Albitoligoklas	Oligoklas
Beryll					×
Disthen					
Dumortierit					
Granat		×	×		
Niobate u. Tantalate					
Orthit					
Phosphate (Fe-Mn)		×			
Sillimanit		×			
Turmalin		×		×	
Uran-Mineralien		×			

spärlichen Reste des Kaliumfeldspates sind in der Hauptsache im Kristallinnern der Plagioklase gefunden worden, seltener an den Grenzen zwischen den Plagioklaskristallen. Dies spricht zwar zugunsten einer sehr intensiven Verdrängung, doch ist der Plagioklas ziemlich basisch (22 bis 35%) und der Biotit überwiegt gegenüber dem Muskovit, so daß eine primäre Ausscheidung von Kaliumfeldspat in großen Mengen kaum anzunehmen ist. So scheint mir am wahrscheinlichsten, daß tatsächlich in diesen Pegmatiten der Kaliumfeldspat primär nicht in großen Mengen vorhanden war und gleichzeitig eine sehr intensive Verdrängung durch den Plagioklas erlitten hatte. Plagioklaspegmatite können auch mit basischen Magmenintrusionen in Beziehung stehen.

Vielleicht dürfen wir dieser Diskussion noch folgendes hinzufügen: Bei Verbano nämlich konnte in den Plagioklaspegmatiten nie Sillimanit gefunden werden, wie das für viele Pegmatitvorkommen der zwei ersten Gruppen dieses Distriktes der Fall ist. Entstammt die Sillimanitbildung (Seite 258) einem Assimilationsvorgang in der Tiefe, so könnte die Abwesenheit des Sillimanites in den Plagioklaspegmatiten entweder die Folge einer Abstammung aus

Tessiner Pegmatite (Zusammenfassung).

			TESSIN		
Palagnedra	Ponte Brolla	Verbano	Verzascatal	Val-Cru Arbino *(Mittelholzer)*	Traversagna Schwyz Castione Osogna *(Mittelholzer, Casasopra)*
5—22% An	10—18% An	10—34% An (Werte über 30% selten)	Albitoligoklas	Oligoklas	Oligoklas
	×			×	×
					×
		×			×
×	×	×		×	×
					×
		×		× in Einschuß (Biotitgneis)	
	×	×		×	×

einem anderen Magmaherd sein oder bedeuten, daß die Pegmatite
einer älteren Injektion vom gleichen Herd aus vor der Assimilation
entstammen. Nun lassen die beschränkte Verbreitung dieser Kategorie von Pegmatiten und die manchmal festgestellte stärkere Verwitterung diese Möglichkeit einer älteren Injektion von einem gemeinsamen Magmaherd aus nicht unwahrscheinlich erscheinen.

IV. Vergleich der Tessiner Pegmatite miteinander und mit denjenigen des Bergells, von Olgiasca am Comersee und Valle Antrona und Ossola im Piemont.

Beim Vergleich der untersuchten Pegmatite des Tessins untereinander haben wir sowohl den An-Gehalt ihrer Plagioklase als auch
die mehr oder weniger seltenen Bestandteile zu berücksichtigen. Über
beide Erscheinungen gibt die Tab. 13 Auskunft, in der jedoch die gewöhnlichen Erze, der Zirkon, der Apatit und der Titanit nicht berück-
sichtigt wurden, weil sie vorwiegend in kleinen Mengen überall auftreten. Um den Vergleich mit den Pegmatiten der Bergells, des Gebietes von Olgiasca am Comersee und der Valle Antrona und Ossola
im Piemont zu ermöglichen, wurde die Tab. 14 hinzugefügt.

Tab. 14. *Vergleich der Tessiner Pegmatite (Plagioklase und seltene Mineralien)
mit denjenigen des Bergells, von Olgiasca am Comersee und Valle Antrona und
Ossola im Piemont.*

	Tessin	Bergell (*Cornelius, Hugi* und *Hirschi*).	Olgiasca, Piona und Sommafiume (Dervio), Comersee, Italien. (*Repossi, Cornelius, Grill* etc.)	Valle Antrona, Ossola, Piemont, Italien. (*Capitani, Pagliani, Cossa, Struever* etc.)
Plagioklas	Albit u. Oligoklas selten Andesin	Albit u. Oligoklas.	Albit u. Oligoklas	Albit u. Oligoklas
Andalusit		×		
Beryll	×	×	×	×
Chrysoberyll		×	×	×
Disthen	×			
Dumortierit	×	×		
Granat	×	×	×	×
Niobate und Tantalate	×			×
Orthit	×	×		
Phosphate (Fe-Mn)	×		×	
Sillimanit	×	×		
Turmalin	×	×	×	×
Uran-Mineralien	×	×	×	×

Die seltenen Bestandteile scheinen nicht gleichmäßig auf die verschiedenen Vorkommen verteilt zu sein. Selbstverständlich muß man nicht erwarten, daß sie in allen Vorkommen beobachtet werden sollen, da ja die seltenen Elemente in den pegmatitischen Restlösungen in sehr kleinen Mengen vorhanden sind und ein Teil der Stoffe in anderen verbreiteten Mineralien getarnt vorkommen kann. Öfters findet man nur Turmalin und Granat (Spessartin), dagegen nur lokal die anderen seltenen Mineralien. So sind die Uranpechblende und die Fe-Mn-Phosphate bei Brissago, die Al-reichen Mineralien (Dumortierit, Sillimanit) bei Verbano und Bellinzona und der Beryll bei Bellinzona, Ponte Brolla und im Maggiatal gefunden worden. Eine solche Verteilung der letztgenannten Mineralien (außer Turmalin und Granat), wonach die gleichen seltenen Bestandteile in sehr weit entfernten Vorkommen auftreten, z. B. der Dumortierit bei Bellinzona und Verbano, ist bei der wenig verschiedenen Zusammensetzung der Plagioklase und dem fast in allen Vorkommen auftretenden Turmalin und Granat ein Hinweis, daß alle diese Pegmatite des Tessins von Restlösungen gleicher oder fast gleicher Zusammensetzung entstammen können. Die Injektionen fanden natürlich in verschiedenen Stadien und Zeitabschnitten statt und lokale Faktoren (Nebengestein) haben für die Mineralausbildung eine Rolle gespielt (z. B. Assimilation, Endomorphismus usw.).

Das Auftreten des Turmalines und des Mn-Granates in den meisten Pegmatitvorkommen des Tessins erlaubt ihre Charakterisierung als Bor-Mn-Pegmatite; diejenigen von Verbano und Castione können gleichzeitig als Bor-Mn-Tonerde-Pegmatite bezeichnet werden, da sie dazu noch die Al-reichen Mineralien Dumortierit oder Sillimanit oder beide enthalten.

Eine so intensive und verbreitete Pegmatitintrusion hat einen großen Magmaherd in der Tiefe zur Voraussetzung, der auch die weitverbreiteten Injektionsgneise erzeugte. Man hat schon früh vermutet (74), daß die jüngeren Injektionen im Tessin in Zusammenhang mit der Tonalitintrusion von Melirolo stehen. *Mittelholzer* nimmt fast als sicher an (54, S. 159), daß ein Zusammenhang zwischen dem Bergeller Tonalit und dem Tonalit von Melirolo und der jungen Injektion im Tessin besteht. Ich hatte die Gelegenheit, einen Pegmatit von Pianezzo (SE von Bellinzona) und einen solchen von Melera (die Tonalite durchsetzend) zu untersuchen, und konnte keinen Unterschied in der Zusammensetzung der Feldspäte und in den dunklen Gemengteilen gegenüber den anderen Tessiner Pegmatiten finden.

In der Tab. 14 sind auch Pegmatite vom Bergell, von Olgiasca und dem Piemont angeführt. Der Vergleich der Zusammensetzung der Plagioklase und der seltenen Bestandteile ergibt keine bedeutenden Unterschiede gegenüber den Tessiner Pegmatiten.

Es wird jedoch notwendig sein, die Verwandtschaftsbeziehungen noch weiter abzuklären. Insbesondere ist festzustellen, ob von mineralogischen und chemischen Gesichtspunkten aus eine Unterscheidung zwischen alten und jungen Pegmatiten möglich ist. Ferner scheint es mir sehr wichtig zu sein, nachzuprüfen, ob auch in diesen Pegmatiten neben den Mikroklinen die teilweise triklinisierten Orthoklase auftreten. Denn das vielleicht wichtigste Ergebnis meiner Untersuchung scheint das zu sein, daß die Bildungsbedingungen der Tessiner Pegmatite derartige waren, daß neben Mikroklin, der hier meiner Meinung nach auch nur mikroklinisierter Orthoklas ist, Orthoklas in verschiedenen Stadien einer nachträglichen Triklinisierung erhalten bleiben konnte.

Literatur.

1. *Alling, H. L.*, The Mineralography of the Feldspars. Part I. Journ. Geol., 29, pp. 193—294 (1921). — 2. *Alling, H. L.*, The Mineralography of the Feldspars. Part II. Journ. Geol. 31, pp. 282—305 (1928). — 3. *Andersen, O.*, The genesis of some types of feldspar from granite-pegmatites. Norsk. Geol. Tidsskr. 10, pp. 116 bis 205 (1928). — 4. *Baier, F.*, Lamellenbau und Entmischungsstruktur der Feldspäte. Zeit. Krist., 73, pp. 435—560 (1930). — 5. *Barth, T. F. W.*, Die Symmetrie der Kalifeldspäte. Fortschritte d. Mineralogie, 13 pp. 31—35 (1929). — 6. *Barth, T. F. W.*, Permanent changes in the optical orientation of feldspars exposed to heat. Norsk-geol. Tidsskr., Vol. 12, pp. 57—72 (1931). — 7. *Bowen, N. L.*, and *O. F. Tuttle*, The system $NaAlSi_3O_8$-$KAlSi_3O_8$-H_2O. J. of Geolog. 58, pp. 489—511 (1950). — 8. *Burri, C.*, und *F. de Quervain*, Über basische Gesteine aus der Umgebung von Brissago. S. M. P. M., 14 (1934). — 9. *Burri, C.*, Das Polarisationsmikroskop. (Basel, 1950). — 10. *Cossa, A.*, Sulla composizione della colombite di Craveggia. Rendic. R. Accad. d. Lincei, serie 4, vol. III, 11—116 (Roma, 1887). — 11. *De Capitani, S.*, La Pegmatite di Montescheno in Valle Antrona (Ossola). Riv. Sc. Nat. „Natura", vol. 15 (Milano, 1924). — 12. *De Capitani, S.*, Rarita minerali italiane. La cava di mica in valle Antrona. Le vie d'Italia, vol. 1⁰, fasc. 1 a 5 (Roma, 1939). — 13. *Casasopra, S. F.*, La presenza della tapiolite nelle pegmatite di Cresciano. S. M. P. M., XVIII (1938). — 14. *Chaisson, Urs.*, The optics of triclinic adularia. J. of Geol., 58/5 (1950). — 15. *Chao, S. H., D. L. Smare* and *W. H. Taylor*, An X-ray examination of some potash-soda-feldspars. Min. Mag., 25, pp. 338—350 (1939). — 16. *Chuboda, K.*, Der Einfluß der Kalikomponente auf der Auslöschungsschiefe der Flächen P (001) und M (010) der Plagioklase. Fortschr. Min. Krist. Petr., 18 (1933). — 17. *Claisse, F.*, A Roentgenographic Method for Determining plagioclases. Am. Min., 35, pp. 412—420 (1950). — 18. *Clausen, H.*, Pulverfotogrammer of nogle Feldspater. Medd. fra Dansk. Geol. For., 10, pp. 236—238 (1942). — 19. *Colasso, T.*, I minerali dei filoni pegmatitici di Olgiasca. Att. Soc. It. di Sc. Nat., Vol. 76, fasc. 4 (Milano, 1937). — 20. *Cornelius, H. P.*, Zur Kenntnis der Wurzelregion im unteren Veltlin. N. J. Min. Geol., Beil., Bd. 40 (1916). — 21. *Cornelius, H. P.*, Über ein neues Andalusitvorkommen in der Ferwallgruppe (Vorarlberg) und seine regionalgeologische Bedeutung. Zbl. Miner. usw., Abt. A, 290—293 (1921). — 22. *Cornelius, H. P.*, Über das Auftreten und

Mineralführung der Pegmatite im Veltlin und seinen Nachbartälern. Zbl. Miner. usw., Abt. A, 281—87 (1928). — 23. *Dittler, E.*, und *A. Koehler*, Zur Frage der Entmischbarkeit der Kali-Natronfeldspäte und über das Verhalten des Mikroklins bei hohen Temperaturen. Tschermaks Min. Petr. Mitt., 38, pp. 229—261 (1925). — 24. *Drescher-Kaden, K. F.*, Die Feldspat-Quarz-Reaktionsgefüge der Granite und der Gneise. (Berlin-Göttingen-Heidelberg, 1942). — 25. *Edlmann, L.*, Sui granati nella pegmatite di Olgiasca. Annali del R. Ist. sup. Agrario e Forest., Sez. 2, Vol. 3 (Firenze, 1931). — 26. *v. Eckermann*, The Rocks and Contact Minerals of the Mansjö Mountain. Geol. Fören. Stockholm Förh., 44, 403—410 (1922). — 27. *Engels, A. G.*, und *K. Chuboda*, Der Einfluß der Kalifeldspatkomponente auf die Optik der Plagioklase. III. Die optische Orientierung kalifeldspathaltiger Plagioklase. Zentralbl. Min. Geol. Paläont., Abt. A (1937). — 28. *Ferrari, M.*, Sul berillo di Piona. Rend. R. Acc. Lincei, Vol. 30, fasc. 3 (Roma, 1921). — 29. *Forster, R.*, Geologisch-petrographische Untersuchungen im Gebiete nördlich Locarno. Zur Petrographie und Genesis der Amphibolite. S. M. P. M., 27, 249 (1947). — 30. *Grill, E.*, Su un fosfato di ferro e di manganese delle Pegmatite di Olgiasca. Period. Mineral., 6, 19—25 (1935). — 31. *Grill, E.*, Repossite e sua paragenesi. Atti Soc. Ital. Scienze. Naturali, vol. LXXVI (Milano, 1937). — 32. *Gutzwiller, E.*, Injektionsgneise aus dem Kanton Tessin. Ecl. Geol. Helv., 12 (1912). — 33. *Hadding, A.*, Röntgenographische Untersuchung von Feldspat. Lunds.-Univ. Arsskrift, 17, pp. 3—25 (1921). — 34. *Harcourt, A.*, Tables for the identification of ore minerals by X-ray powder patterns. Am. Min., 27, pp. 63—113 (1942). — 35. *Heald, M. T.*, Thermal study of potash-soda-feldspars. Am. Min., 35, pp. 77 to 89 (1950). — 36. *Hirschi, H.*, Ein Pechblendevorkommen in der Schweiz. S. M. P. M., II, 173 (1931). — 37. *Hugi, E.*, und *H. Hirschi*, Dumortieritvorkommen aus den südlichen Schweizeralpen. S. M. P. M., 5, 251 (1925). — 38. *Hurlbut, C. S., Jr.*, X-ray determination of the silica minerals in submicroscopic intergrowths. Am. Min., 21, pp. 727—730 (1936). — 39. *Ito, T.*, and *H. Inuzuka*, A microphotometric study of X-ray. Powder Diagrams of certain Feldspars. Zeit. Krist. 95, pp. 404 (1936). — 40. *Ito, T.*, The existence of a monoclinic soda Feldspar. Zeit. f. Krist., 100, p. 297 (1939). — 41. *Jagodzinski, H.*, and *F. Laves*, Eindimensionale fehlgeordnete Kristallgitter. S. M. P. M., 28, pp. 456—467 (1948). — 42. *Kern, R.*, Zur Petrographie des Centovalli (Tessin). Dissert. E. T. H. (Helsinki, 1947). — 43. *Koehler, A.*, Die Abhängigkeit der Plagioklasoptik vom vorangegangenen Wärmeverhalten. Min. Petr. Mitt., 53 (1941). — 44. *Koehler, A.*, Zur Optik des Adulars. N. Jahrb. f. Min. etc., Monatshefte 1945—48 A. pp. 49—55 (1948). — 45. *Koehler, A.*, Recent results of investigations on the feldspars. J. Geol., 57, pp. 592—599 (1949). — 46. *Kündig, E.*, Beiträge zur Geologie und Petrographie der Gebirgskette zwischen Val Calanca und Misox. S. M. P. M., 6, pp. 1—96. Dissert. Univ. Zürich (1926). — 47. *Laves, F.*, The lattice and twinning of microcline and other potash feldspars. J. of Geol., 58/5 (1950). — 48. *Laves, F.*, and *Ursula Chaisson*, An X-ray investigation of high-low albite relations. J. of Geol., 58/5 (1950). — 49. *Magistretti, L.*, Osservazioni sui nuovi filoni pegmatitici individuati alle falde del Monte Legnoncico sopra il Laghetto di Piona, e in particolare sui minerali della Pegmatite presso l'Alpe Sommafiume. Atti Soc. Ital. Scienze Naturali, Vol. LXXXV, fasc. 3—4 (Milano, 1947). — 50. *Makinen, E.*, Über die Alkalifeldspäte. Geol. Fören. Forh. Stockholm, 39, pp. 121—184 (1917). — 51. *Mallard, F.*, Explications des Phénomènes optiques anomaux, qui présentent un grand nombre des substances cristallisées. Annal. des Mines, Mém. X (1876). — 52. *Melzi, G.*, Di un nuovo giacimento mineralogico interessante sulle sponde del Lagheto di Piona. Giornale di Mineral., Vol. 1, fasc. 5, p. 60 (Pavia, 1890). — 53. *Michel-Lévy*, Identité probable du microcline et de l'orthose. Bull. soc. Min. Franc., 5, pp. 135

à 139 (1879). — 54. *Mittelholzer, A. E.*, Beitrag zur Kenntnis der Metamorphose in der Tessiner Wurzelzone mit besonderer Berücksichtigung des Castionezuges. S. M. P. M., 16 (1936). — 55. *Niggli, P.*, Die leichtflüchtigen Bestandteile im Magma. (Leipzig, 1920.) — 56. *Niggli, P.*, Die quantitative mineralogische Klassifikation der Eruptivgesteine. S. M. P. M., 11 (1931). — 57. *Niggli, P.*, Gesteine und Minerallagerstätten. 1 (Basel, 1948). — 58. *Oftedahl, C.*, Studies on the igneous rock complex of the Oslo region. IX. The feldspars. Skr. utg. av Det Norske.-Akad. Oslo, 1. M.-N. KL., No. 3 (1948). — 59. *Oftedahl, C.*, Hight temperature optics in plagioclases of the Oslo region. Norsk. Geol. Tidsskr., Vol. 24 (1944). — 60. *Osten, J.*, Identificatif van naturliche alkalifeldspaten met Behulp van röntgen-poederdiagrammen. Geol. Mitteilungen (Leiden, 1951). — 61. *Pagliani, G.,* e *M. Martinenghi*, Il filone pegmatitico di Montescheno in Val Antrona (Ossola). Periodico di Mineralogia (Roma, 1941). — 62. *Peretti, L.*, Il berillo di C. Mondei presso Montescheno (Val d'Ossola). Atti R. Accad. d'Italia, vol. 1, fasc. 1—5 (Roma, 1939). — 63. *Quervain de, F.*, Pegmatitbildungen von Valle della Madonna bei Brissago. Mitt. Naturwissenschaft. Ges. (Thun, 1932). — 64. *Reinhard, M.*, Universaldrehtischmethoden. (Basel, 1931.) — 65. *Reinhard, M.*, und *R. Bächlin,* Über die gitterartige Verzwillingung beim Mikroklin. S. M. P. M., vol. 16 (1936). — 66. *Repossi, E.*, Appunti mineralogici sulla pegmatite di Olgiasca (Lago di Como). Rend. R. Accad. Lincei (1904). — 67. *Repossi, E.*, Il crisoberillo della Pegmatite di Olgiasca (Lago di Como). Atti Congresso Naturalisti Italiani (1907). — 68. *Repossi, E.*, I filoni pegmatitici di Olgiasca. Rinvenimento in essi di minerali di Uranio. Atti soc. di sc. Mat., Vol. 52 (Milano, 1914). — 69. *Roggiani, A. G.*, La pegmatite dell'Alpe „I Mondei" (Montescheno). Il regno minerale dell'Ossola (Domodossola, 1940). — 70. *Rosenbusch, H.*, Mikroskopische Physiographie der petrographisch wichtigen Mineralien. Bd. 1, zweite Hälfte (Stuttgart, 1927). — 71. *Spencer, Ed.*, A contribution to the study of Moonstones from Ceylon and other Areas and of the stability relation of the Alkalifeldspars. Min. Mag., 22 (1930). — 72. *Spencer, Ed.*, The potash-soda Feldspars. I. Thermal stability. Min. Mag., 24, pp. 453—494 (1937). — 73. *Spencer, Ed.*, The potash-soda Feldspars. II. Some applications to petrogenesis. Min. Mag., 25, pp. 88—118 (1938). — 74. *Staub, R.*, Zur Tektonik der südöstlichen Schweizeralpen. Beitr. geol. Karte Schweiz, N. F. 46, 1 (1916). — 75. *Staub, R.*, Zur Kenntnis der Bergeller Berylle. S. M. P. M., 4 (1924). — 76. *Strüver, G.*, Sulla colombite di Craveggia in Val Vigezzo. Rendic. R. Accad. di lincei, serie IV, Vol. 1, 8—9 (Roma, 1884). — 77. *Suzuki, J.*, Über einen Skapolith-Amphibolit von Losone bei Ascona (Tessin). S. M. P. M., Bd. X (1930). — 78. *Taylor, W. H.*, The structure of Sanidine and other Feldspars. Zeit. Krist. 885, pp. 425 (1933). — 79. *Taylor, W. H., J. A. Darbyshire* and *H. Strunz*, An X-ray Investigation of the Feldspars. Zeit. Krist. 87, pp. 464—497 (1934). — 80. *Taylor, W. H., W. F. Cole* and *H. Soerum*, The structure of the plagioclase Feldspars. I. Acta Cryst., 4, pp. 20—29 (1951). — 81. *Tertsch, H.*, Zur Hochtemperaturoptik basischer Plagioklase. S. M. P. M., 54, pp. 193—217 (1942). — 82. *Tertsch, H.*, Untersuchung über die Hochtemperaturoptik saurer Plagioklase. N. J. f. Min. Monatshefte, Heft 6, pp. 121—139 (1950). — 83. *Tuttle, O. F.*, and *N. L. Bowen*, High temperature albite and continuous feldspars. J. of. Geol., 58/5 (1950). — 84. *Urban, K.*, Gefügenanalytische Untersuchungen an skapolithführenden Gesteinen der Tessineralpen. N. J. f. Min., Abt. A, 68 (1934). — 85. *Van der Kaaden, G.*, Optical Studies on natural plagioclase Feldspars with high- and low-Temperature-optics. (Utrecht, 1951.) — 86. *Walter, P.*, Das Ostende des basischen Gesteinzuges Ivrea-Verbano und die angrenzenden Teile der Tessiner Wurzelzone. S. M. P. M., 30/1 (1950). — 87. *Wang, H. S.*, Petrographische Untersuchungen im

Gebiet der Zone von Bellinzona. S. M. P. M., 19, p. 21 (1939). — 88. *Warren, C.*, A quantitative study of certain perthitic feldspars. Proc. Amer. Acad. Arts and Sci., 51 (1915). — 89. *Wenk, E.*, Ergebnisse und Probleme von Gefügeuntersuchungen im Verzascatal (Tessin). S. M. P. M., 23, p. 265 (1943). — 90. *Winchell, A.*, Elements of optical Mineralogy. (New York, 1951.) — 9. *Wittich, E.*, und *J. Kratzert*, Über ein neues Vorkommen von Dumortierit, im Granit bei Guadalcázar, Nordmexiko. Centralblatt für Min. etc., No. 21 (1921). — 92. *Zambonini, F.*, „Stüverite" un nuovo minerale. Rend. di Accad. de Scienze, serie 3, Vol. XIII, 35—41 (Napoli, 1907).

Lebenslauf.

Ich wurde am 24. Oktober 1915 in Valta Messenie (Peloponnes) geboren, wo ich die Primarschule besuchte. Im Jahre 1932 habe ich die Mittelschule in Philiatra Messenie beendigt und im Oktober des gleichen Jahres bestand ich die Eintrittsprüfung an der Universität von Athen, wo ich Naturwissenschaften während vier Jahren studierte. Am 24. November 1936 erwarb ich das Diplom für Naturwissenschaften und am 26 Februar 1943 bestand ich das Doktorexamen in mineralogisch-petrographischer Richtung. Meine Dissertation behandelte die Steinkohlenvorkommen von Malvoisie (Peloponnes).

Mit dem Beginn des Sommersemesters im April des Jahres 1950 schrieb ich mich als Fachhörer an der Abteilung für Naturwissenschaften der Eidg. Technischen Hochschule in Zürich ein, wo ich bis zum Sommersemester 1952 vier Semester Mineralogie und Petrographie studierte.

Seit 1940 bin ich als Assistent am Mineralogisch-Petrographischen Institut der Universität von Athen angestellt und im Juni 1949 wurde ich zum Chef des Travaux am Mineralogischen Institut der Technischen Hochschule von Athen ernannt

Zürich. März 1952.